新潮新書

戸矢理衣奈

TOYA Riina

エルメス

051

新潮社

エルメス――目次

序　章　ブランドのなかのブランド

「いったい、どこが不況なの？」

近年、東京を訪れる外国人の多くが、活気ある都市風景と総じてファッショナブルな女性たちを見て驚き、尋ねる。

とりわけ青山や銀座、六本木といった地域の変貌は激しく、ときに東京に住む者をも戸惑わせるほどだ。こうした都市や女性たちの変化を先導しているのが、エルメスやルイ・ヴィトンといったファッション分野のプレミアム・ブランドである。

これらのブランドは不況のなかではじまった「第4次ブランドブーム」においても、特筆に価するほどの増収を続けている。いまや日本女性の3人に1人がルイ・ヴィトン製品を持ち、エルメスでは定番の鞄が50万円以上するにもかかわらず人気が集中し、入手が困難な状況が続いている。
「世界で最も深刻な不況にあるといわれながら、日本の消費者が国際的高級ブランドの業績を支えるという不思議な構図」(「毎日新聞」2002年3月10日朝刊)だと評されて久しい。

別格の存在感

シャネル、カルティエ、ルイ・ヴィトン——。名前を挙げればきりがないが、数多のブランドのなかでもエルメスの存在感は別格だ。独特の雰囲気とどこか競争を超越した姿勢に対して、日本のみならずフランスにおいても「ブランドのなかのブランド」「高尚」といった表現が用いられている。

筆者が授業を担当している女子大でも、学生たちにエルメスのイメージについて自由に記述してもらうと、別格感を指摘したものが大勢を占める。

「エルメスのブランド力は本当にすごい。あれはすこし別の〝生き物〟です」

「ヴィトンとかは二流に入るけど、唯一、エルメスは一流なのです」

エルメス製品の「三本柱」は、鞄を中心とした皮革製品、スカーフやネクタイといった絹製品とプレタポルテ（高級既製服）だ。なかでも、定番の鞄「ケリー」や「バーキン」の人気はすさまじい。１９９０年代末には「金持ちキャリアＯＬにバーキン病が流行している」（「週刊文春」１９９９年4月15日号）、「5年待ち70万円『エルメスバッグ』に群がる女」（「週刊新潮」１９９９年2月25日号）といった見出しのもと、各誌が大きく取り上げるほどであったから、ご記憶の方も多いだろう。

２００１年、銀座の旗艦店オープンの際にも、その並外れた人気はひとつの社会現象として報じられた。警備員が出動するなか、２日前からの徹夜組などを含め開店1時間前には８００人の行列が地下鉄駅構内にまで及んでいた。エルメスの店舗をぐるりと囲んで地面に座り込む日本女性の姿は、海外のメディアの関心をも惹きつけた。

その後、やや音沙汰がないのは、ブームが去ったからではない。むしろエルメス側が、あまりの人気にオーダーの受付を停止し、メディアへの露出も控えているためだ。中古品や並行輸入品など二次流通市場での人気は２００３年現在なお高く、しばしば正規価格よりも高額での取引が行われている。

つい先日もブランド品の二次流通市場を特集した報道番組で「バーキン」の品薄状態に話が及ぶと、30代の女性キャスターは「私たちは飢餓状態にありますからねえ」と真顔でコメントしていた。

たしかにエルメスの皮革製品のこだわり抜いた品質、飽きのこないデザインや耐久性は他を圧倒するものだ。とくに20年、30年と大事に使われてきた鞄などは古びるどころか、革自体の存在感がひときわ際立っている。

いつの時代にも、このうえなく贅を尽くした品々を愛好する人々がいる。それはヨーロッパでは、上流階級の特権であった。

しかし現代日本では、それが「社会現象」になっている。「自分へのご褒美」「持つだけで『クラス感』がでる」、さらには未婚女性が「娘の代まで使えるから結局はお得」などと様々な「弁解」を並べ立てて、本人や夫の給与よりも高額な鞄に飛びついているのである。

一方でエルメスに対する不満を聞くことも多い。日本のエルメス直営店を「一見《いちげん》」で訪れた場合にしばしば見られる、店員の高圧的な態度は一般的に評判が悪い。あまりに時間がかかるメンテナンスに関する不満の声も少なくない。

しかしそんな巷間の声にもかかわらず、エルメスの人気は衰えを知らず、極端な品薄感のなかで「別格感」が際立つばかりなのだ。

謎多き「ブランド」

これほどの人気を得ているエルメスとは、いったいどのような企業なのだろうか。

１８３７年にパリに馬具工房として創業後、20世紀はじめにファッション分野へと本格的に参入し、現在は5代目にあたるジャン・ルイ・デュマ・エルメスによって率いられる。２００３年現在で世界１６０都市に店舗を構えるに至り、いまや世界を代表する高級ブランドの筆頭格である。しかしながら、企業としての規模は驚くほど小さい。

１９９３年のパリ証券取引所第2部上場後も徹底した同族経営で知られ、１９９７年時点では親族が株式の80％を所有している（「Ｆｏｒｂｅｓ」１９９７年10月号）。１９９８年の段階で世界の従業員数は約４０００人に留まり、資金はすべて内部調達でまかない、さらにデュマ自らが「クリエイティブ・ディレクター」として商品全体を統括しているため、しばしば「デュマの個人商店」とも喩えられている。

図表はファッション部門に限定したブランドの系列図だが、近年LVMH（モエ・ヘネシー・ルイ・ヴィトン）グループをはじめ高級ファッションを扱うブランドの国際的なグループ化が進むなかで、エルメスは単独のメゾンとしてその独自路線をいっそう際立たせている。

日本法人についても、2002年度の申告所得は107億円で、ファッション関連の海外ブランドではルイ・ヴィトンの341億円に続く。同種の製品ではルイ・ヴィトンの少なくとも2倍以上の価格となり、しかも広告率が非常に低いことを考えれば、これは特筆すべき数字だ。

しかし、エルメスをはじめプレミアム・ブランドに関する研究や調査となると、日本はもとより海外でもきわめて少ない。ジャーナリズムからの分析はなかなか納得のいくものがなく、同じような問いが幾度も繰り返されている。

一方で経営学の視点からは近年、ブランド戦略にまつわる研究がさかんに行なわれている。だがその大半はコカ・コーラやクリネックス・ティシューといった、日用品をも

プレミアム・ブランドのグループ化

	LVMH	Richemont リシュモン	GUCCI グッチ（PPR）	PRADA プラダ	
老舗	LOUIS VUITTON ルイ・ヴィトン	Cartier カルティエ			Hermès エルメス CHANEL シャネル
中堅	LOEWE ロエベ CELINE セリーヌ Berluti ベルルッティ GIVENCHY ジバンシイ FENDI フェンディ Christian Dior クリスチャン・ディオール EMILIO PUCCI エミリオ・プッチ	Dunhill ダンヒル LANCEL ランセル Chloé クロエ	GUCCI グッチ Yves Saint Laurent イヴ・サンローラン Bottega Veneta ボッテガ・ヴェネタ Balenciaga バレンシアガ	PRADA プラダ	
潜在	KENZO ケンゾー Christian Lacroix クリスチャン・ラクロワ Donna Karan ダナ・キャラン THOMAS PINK トーマス・ピンク MARC JACOBS マーク・ジェイコブズ		Sergio Rossi セルジオ・ロッシ ALEXANDER McQUEEN アレキサンダー・マックイーン STELLA McCARTNEY ステラ・マッカートニー	HELMUT LANG ヘルムート・ラング JIL SANDER ジル・サンダー	

含んだブランド戦略分析だ。希少性を旨とする贅沢品のブランドでは、議論の前提がしばしば大きく異なっている。

企業側が情報公開に対して非常に消極的であり、充分な資料が集まらないという事情もある。

筆者も、エルメス・ジャポンおよびフランスの本社に取材を依頼したが、受け付けてもらえなかった。担当者は「エルメスはブランドではない。マーケティングも行っていない。これまでもマーケティングを中心にして、たくさんの取材依頼があったがすべてお断りしている」と、やや強い口調で話された。そしてエルメスは職人の手仕事によって最高級の品物を作っているだけ、という姿勢を強調されたのである。

品質・イメージ・希少性

そこで、本書では外部で入手することが可能な資料を出来る限り収集した。エルメスが他の企業に抜きん出て充実させている、顧客向けの広報誌やカタログ類をはじめとした過去約20年にわたる配布物など、希少な資料を参照している。

過去にエルメス関係者と直接関わりを持った方々や、エルメスが強調する職人文化の共通性という面から、京都で伝統工芸に携わる職人の方々にもお話を伺うなどして、多面的にエルメスの活動を描くようにした。

なお、先に「プレミアム・ブランド」という表現を用いたが、本書ではこれによって普及品の「ブランド」との区別をはかっている。

ファッション分野には、エルメスを筆頭にルイ・ヴィトンやカルティエ、シャネルなどほぼ1世紀以上の伝統、そして現代性を併せ持ついくつかの強力なブランドがある。世界的なビジネスを展開し、高額でありながらも高収益をあげるこれらを「老舗《しにせ》プレミアム・ブランド」とする。

次いでクリスチャン・ディオールやイヴ・サンローラン、ジバンシイなど主に戦後に登場して名声を確立し、創立者の死後あるいは引退後も「ブランド」が存続しているものを「中堅プレミアム・ブランド」とする。そして設立からの歴史が短いか、知名度が低いものの、これから成長の可能性のあるものを「潜在的プレミアム・ブランド」とする。

本書ではこれらを総括して「プレミアム・ブランド」として言及し、なかでもエルメスとの比較、そして長期的な人気という面から「老舗プレミアム・ブランド」に注目する。

「老舗プレミアム・ブランド」には、関係者が共通して語る二つの成功要因がある。ブランドの原点となるアイデンティティの明確さと、「伝統」を守りながらの絶え間ない「革新」、すなわち時代に応じた商品開発である。

本書ではこれを補足する形で、ブランドの原点となるアイデンティティを構成する要素として、「品質」「イメージ」「希少性」という三つの側面を考える。例えばエルメスならば、最高級の原料と職人の伝統技術という「品質」、フランス文化や馬具という「イメージ」、手仕事による「希少性」の高さである。

いずれの老舗プレミアム・ブランドでも、原点となるこの三本柱は明確だ。一方で、これらの要素のどこかにぶれのあるプレミアム・ブランドは、「老舗」の後塵を拝する形になっている。

エルメスが時代の流れのなかで、これらの要素に統一感を保ちながら「革新」を加え、現代の別格とも称されるブランドイメージを作りあげてきた過程について、経営史、デザイン、そして広報という、大別して三つの視点から注目したい。そのうえで、エルメスを受容した日本側の要因を考える。

エルメスについて分析するとはいうものの、筆者自身、ブランドがターゲットとしている30代前後の女性である。女性たちのプレミアム・ブランドに対する愛着が理屈を超えたところにあるということは、身をもって知っている。

友人たちとも共通する見解であるが、特別に必要のないものであるにもかかわらず、ブティックでお気に入りを見つけると「運命的な出会い」だと思ったり、「迷っていると誰かにとられる」といった焦燥感にとらわれたり、「どうしても一緒にいたい」と願ったりする。それはちょっとした恋愛の気分とよく似ていて、まったく不合理で説明の仕様がない。

世界的な老舗プレミアム・ブランドの人気の分析は、時空を超えた集団的な「恋心」の分析にも似ているため、明快な答えは出てこないかもしれないという思いもあった。だが１７０年近くにわたって人々を魅了してきた企業である。そこには不合理な「恋心」を操るだけの確実な理由があるはずだ。しかし、それは完全に数値化されたり、類型化されるようなものではないだろう。

本書では、デザインの背景やさらにはネーミングなど「見えない部分」にあえて注目した。日本側の人気の要因についても数値化が可能なアンケート調査などではなく、文化的社会的特質などに重点を置いている。

「文化力」が問題になっている近年の日本では、その成功者であるエルメスの歴史、そして数値にあらわれない部分の活動には参考になる部分が多いだろう。とくに伝統工芸産業やイメージを扱う企業にとっては、有効なヒントが多数提示されている。それはビジネススクールなどで教えられる既存の企業の枠組みにはまらない面白さでもあり、また「ゆたかな時代」の消費行為を牽引する企業のあり方として注目されよう。

ビジネスに携わる方には、一般的な「ブランド戦略」には馴染まないエルメスの「職人力」「文化力」に依拠した世界規模のビジネスの背景を、エルメスファンの女性には、普段とは違った視点からブランドを眺めることで、なんらかの発見を楽しんでいただけたらと思う。

第1章　エルメスの歴史

エルメスは2004年にはすでに167年の歴史を数えるが、決して順風満帆の道程を歩んできたわけではない。幾度もの存亡の危機に直面しつつも、ブランドイメージにぶれをおこすことなく乗り越えることで、現在のブランド力を築きあげていったのである。

その最大の立役者といえば、歴代5人の社長たちだ。知名度のわりに小規模で、徹底した同族経営を誇るエルメスでは、当主の意向がすべてを左右する。彼らは営業活動から新製品の開発、あるいはのちにはより意識的なブランド戦略までを司る、まさにディレクターなのである。

まずは創業者ティエリ・エルメスから、先代にあたる第4代ロベール・デュマ・エルメスまでの道程を、ナポレオンの時代から第2次世界大戦にいたる歴史の流れを通じて追いかけてみよう。代ごとに区切ることで、それぞれの違いと、一貫して変わらないものが見えてくることだろう。

初代ティエリ――馬車の時代

エルメスの創業者ティエリ・エルメス（1801〜1878）は、ドイツのライン川沿いの街クレーフェルト（当時はフランス領）に生まれた。馬具職人を志したティエリは、成長するとパリへと向かい、その後イギリスでも修行を重ねていく。

鉄道や自動車が登場する以前の時代である。馬は唯一の交通手段としてヨーロッパ中で重用され、パリやロンドンなどでは優雅な馬術や馬車を重んじる馬術文化ともいうべき慣習が、人々の社交にも反映されていた。

当時の馬車には馬の数や車輪の数、幌付かどうかなどにより何種類ものバリエーションがあり、上流階級の人々や洒落者たちが体面を保つためには最低でも2台の馬車が必要になったという。そのうえ、馬車を1台持つには現在の相場で考えると3000万円程度が必要だったというから、大変である（『馬車が買いたい！』）。

優雅な馬車やその格に相応しい馬具を備えた馬は、男性にとって格好のステイタスシンボルとなっていた。当時のフランス小説にも頻繁に描かれているように、恋愛の小道具としても欠かせないものになっていたから、なおさらのことである。

こうした時代背景のなかで１８３７年、ティエリは「鞍・ハーネス職人（sellier-harnacheur）」としてパリのランパール通りの職人街に工房を構え、ここに「エルメス」の歴史がはじまった。機能性が高くデザイン的にも優れた鞍を作るティエリは、馬具の愛好者の間でその評判を着々と高めていく。それはのちに「エルメスの鞍をつけた馬は持ち主よりもお洒落だ」と称されるほどであった。

ナポレオン3世が即位し、第2帝政期（１８52〜１８７０）に入ると、ティエリは皇帝御用達の馬具職人となり、さらに１８６７年には万国博覧会に出品した鞍が銀賞を獲得する。宮廷と万国博覧会という、いわば公式に商品の品質を保証する場で認められたことで、最高級の馬具工房としてのエルメスの知名度は一気に高まっていった。

馬具やフランス宮廷文化という「イメージ」、最高級の原料と伝統の職人技術にもとづいた「品質」、そして手仕事による「希少性」の高さという、エルメスというブランドの原点が形作られていったのである。

もっとも、ティエリ自身は名声の高まりにもかかわらず、職人として馬具製造に専念し、生涯、店を構えることもなかった。現代の多様な商品展開を誇るエルメスの姿は、この段階ではその片鱗をも見ることができない。

ティエリが活躍した19世紀中葉は、人々が「ブランド」に馴染みはじめた時代でもあった。

産業革命後の経済成長や、鉄道の敷設などによって機動力が急速に高まるなかで、人々の生活様式や時間・空間感覚も急速に現代的なものへと近づいていった。時代の「動き」に対応する品物への要求も、これまでにない規模で生じていく。

人々の装いへのこだわりも高まる一方だった。現代でも、家庭内や近所への外出にしっかりと化粧をする女性はさほどいないだろうが、ある程度の距離を伴う外出となるとそれなりに気を遣うものだ。同様に、交通網の発達によって、人々が地域社会の枠を越えて遠出をはじめるなかで、外見に対する関心も急激に高まっていったのである。

同時期に登場した百貨店や女性雑誌などを通して様々な商品が知られるようになり、「ブランド」も広く定着していった。「クチュリエ（デザイナー）」という職業が誕生し、服にその名前を入れた小さなタグを付けることが一般化したのもこの時代のことだ。機能性とデザイン性を両立させた高級品の作り手のいくつかは、「プレミアム・ブランド」として現代まで存続している。

新しい時代の「動き」をいちはやく捉えた「定番」をつくることで成功したプレミアム・ブランドも多い。

例えば、ルイ・ヴィトンは1854年にパリで世界初の旅行鞄専門店を開き、「革新的」なトランクを発表して瞬く間に名声を確立した。鉄道や船の旅行に適した耐久性と防水性を備え、しかもこれまでのドーム型と違って大量に積むことができる平型のトランクは、時代のニーズに応えるものだった。発売後まもなくから、「偽ヴィトン」被害は相次いでいる。バーバリーやアクアスキュータムも同じ時代に防水布によるコートを考案して、一躍名声を確立している。

エルメスの場合、現代に繋がる大きな飛躍の契機はティエリの時代よりおよそ半世紀後の、20世紀はじめに訪れることになる。

2代シャルル・エミール――フォーブル・サントノレへの移転

1878年1月にティエリが逝去するが、同年には、はやくから工房を継いでいた息子のシャルル・エミール・エルメス（1831〜1916）がパリ万博に出品した鞍で金賞を獲得した。これにより、エルメスの名声はフランスを越えて揺るぎないものになり、ヨーロッパ各国の皇族や上流階級に列する人々が顧客名簿に名を連ねていった。

シャルルは1879年に、現在本店があるフォーブル・サントノレ24番地へと工房を移転し、鞍の製造・卸に加え、小売も行う「鞍屋」として独立する。ここから店舗が拡張されて、現在のエルメス本店にいたる。

移転はそもそもパリ市長兼セーヌ県知事オスマンによる都市計画の一環として、これまでの工房から退去を迫られたことによるのだが、エルメスが後に高級ファッションのトータル・ブランドとして発展するにあたり、重要な役割を果たすことになった。

フォーブル・サントノレはシャンゼリゼ大通りの裏手に位置し、現在の大統領官邸であるエリゼ宮にも近く、大使館などが立ち並ぶ落ち着いた通りである。広すぎず狭すぎず、適当な道幅があり、車の喧騒も気にならない。ゆっくりと買い物をするのにはふさわしい雰囲気で、なによりもエレガントなイメージを持っている。

銀座の並木通りに喩えられることも多いが、そもそも並木通りはブランドの直営店が立ち並ぶずっと以前から、フォーブル・サントノレに似ているという理由で将来性が期待されていた。現在のようにブランド直営店が全国に増殖していっても、並木通りの店舗での販売額は群を抜いているという。

パリのエルメス本店（共同通信社）

プレミアム・ブランドでは本店の立地がそのイメージをも左右する。万博での金賞受賞による栄誉と、それに相応しい格を備えた地に店舗を得て、シャルルの時代は順風満帆のように思われた。

しかしながら、1886年にドイツでカ

ール・ベンツとゴッドリーブ・ダイムラーが相次いで自動車を発表すると、その評判は急速に高まっていった。馬具工房は瞬く間に存亡の危機に立たされてしまう。

すでに述べたように、19世紀半ばよりヨーロッパ各地で鉄道の敷設が進められていたが、実のところそれは馬車にとってはさほど直接的な脅威とはならなかった。

1等、2等の区別があるとはいえ、あらゆる階層の人々を一挙に運ぶという点で平等であり、かつ時刻表によって時間までも管理する鉄道は、上流階級の人々に諸手をあげて歓迎されたわけではなかった。そもそも近距離の移動には、なお馬車のほうが便利であるという実用的な利点もあった。

ところが時間を気にせず乗り手自身が自由に操作できる自動車は、馬に代わる進化した移動手段として歓迎された。なんといっても、ガソリンさえ満たしておけば日々の手入れも簡単で、基本的には安定した走行が可能なのだ。当時のダイムラー社の広告も「ダイムラーは素晴らしい動物です（中略）休んでいるときには餌を与える必要はありません」と、不経済な動物の代替品として自動車を宣伝している（『自動車への愛』）。

はやくも1900年にはミシュラン社が自動車旅行者のためのガイド『レッドガイ

ド』を創刊し、気軽にドライブに出かけ、美味しいレストランで食事をするという休日のスタイルも広まっていった。このあと、フォード、シトロエン、ブガッティといった自動車メーカーが欧米各地に次々と誕生し、20世紀という自動車の時代が本格的に幕を開けていく。

エルメスはフランスを代表する馬具工房として、苦境に陥った同業者の吸収などにより馬具製造の伝統を保つよう努めるが、これまでの販路では限界がきていた。

3代エミール・モーリス――職人一家が生んだ「経営者」

自動車の時代に、エルメスがあくまでも馬具製造に固執することでその伝統を守ろうとしたのなら、現在の発展を見ることはなかっただろうし、あるいはすでに人々の記憶から消え去っていたかもしれない。

馬具製造の伝統を生かしつつファッション部門への大胆な転身の陣頭指揮をとったのが、のちに3代目社長となるエミール・モーリス・エルメス（1871〜1951）だ。

エミールは祖父ティエリ、父シャルル、そして兄のアドルフが馬具職人であったのに対し、社交的な性格と機知を生かして早くから経営面での才能を発揮した。その活躍はシャルルの在任中からひときわ目立つもので、様々な逸話が残されている。

フランス国内で馬具の需要が年々減少するなか、エミールは二方面から業績の回復を図る。まずは、いまだ馬具の需要がある外国への販売だ。エミールは持ち前の行動力を生かしてロシアへ赴き、皇帝御用達の栄誉を得たうえ大がかりな商談を成功させるなど、精力的な営業活動を展開した。その結果、20世紀初頭にはアルゼンチン、メキシコ、シャム（タイ）をはじめとした海外からの注文が増加することになる。

1911（明治44）年には日本からも、後に陸軍参謀総長となる閑院宮載仁親王が自筆のデザイン画とともに馬具を注文されるなど、皇族方がエルメス製品を使用されるようになっている。

ちなみに日本では明治大正期から、皇族や華族に列する方々が「ブランド」品を愛用していた。早いところでは明治の元勲・後藤象二郎がルイ・ヴィトンで買い物をしたという記録が残されているし、加賀の前田家は世界5大ジュエラーと称されるショーメの顧客であった。昭憲皇太后（明治天皇皇后）はナポレオン3世の皇后ウージェニーもお気に入りだったクチュリエ、フレデリック・ウォルトにドレスを注文なさっている。政府は洋装を推進していたものの、それに適した生地や仕立てはもとより、ジュエリーや鞄などのアクセサリー、西洋式の馬具にいたるまで、国内では第一級の品物を調達することが難しく、ときにパリの一流ブランドへと注文がなされていたのである。

多角化への嚆矢

一方エミールはフランスの顧客層に対しては、自動車の時代の「動き」に適応するよう、商品の多角化をすすめていった。1890年代にはエルメス最初の鞄「サック・オータクロア」など、旧来の馬具工房からは想像もつかない商品がつくられはじめた。現代にたとえるならば、メルセデス・ベンツやトヨタが大変な不況のなかで自動車製造の技術を生かしてインテリア業界に進出するようなもので、通常は思いつかない発想の転換だろう。

だがエミールの拡大策にはしっかりとした機軸があった。フランス宮廷社会や馬といった「イメージ」、最高級の原料と職人の技術という「品質」、そして手仕事に基づいた「希少性」という、エルメスの原点の徹底した維持である。

鞄など新製品の製造にも馬具同様に最良の革を使い、縫製には「クウジュ・セリエ」（2本の針に1本の糸を通して縫う方法）を施したうえ、切り口を蠟で固めるという、馬具製造の技術を応用した。基本的に縫い目がすべて外に見える馬具特有の縫い方は、鞄や小物としては斬新で、エルメス独自のスタイルとして人気を集めていく。

一点一点、手間も時間も贅沢にかけるものづくりは、大衆消費社会そして自動車産業に代表される、工場大量生産の時代のそれとは対照的なものだった。原点との統一性の意識は伝統をつくりだし、存亡の危機のなかでエルメスが一工房から「ブランド」として飛躍していく起動力になった。

しかも馬具職人たちが生活苦から救われるとともに、結果的に馬具製造の技術が守られたのである。手仕事の技は製品を作り続けることによってはじめて保持されるもので、需要がなくなれば、需要をあえて創出しない限り、断絶を待つより他はない。エミールは「転用」による伝統技術の保持の典型的な成功例をも示すことになった。

もっとも、エミールの主張は関係者の間でスムーズに受け入れられたわけではない。

共同経営者だった兄のアドルフは（1902年に「エルメス兄弟社」へと社名変更していた）、あくまでも馬具という「物」の製造にこだわり、「技術」を重んじる弟と対立し、第1次大戦後に事業から身をひいてしまう。

しかし、アドルフの判断の方がむしろ一般的なもので、エミールの柔軟な対応は特筆されるべきだろう。彼の判断の背景には先見の明に加えて、自動車メーカー「ルノー」の創始者ルイ・ルノーと幼少期から親交があり、草創期から自動車の発展の可能性を身近に感じていたという事実もあるのかもしれない。

兄との決別を経て、エミールは本格的に新商品の開発に乗り出していく。

彼の慧眼《けいがん》はいちはやく、第1次大戦後に急激に社会進出を果たした女性の「動き」の変化に向けられていった。鞄や財布、ベルトといった女性の外出に必要となる革小物を本格的に売り出し、これまで布の文化のなかで暮らしてきた女性たちに、丈夫な革の文化を持ち込んだのである。

同じ時期にコルセットなどの拘束がなく、動きやすい素材を用いた機能的な衣装を発表して20世紀の女性ファッションを主導したのがシャネルだ。

化粧の習慣も広まった。エリザベス・アーデンやヘレナ・ルビンスタインといったブランドもこの時期に登場している。ショートヘアに化粧を施し、これまでよりもずっと短くなったスカートに絹のストッキングという装いで、革小物を手にした女性たちは、現代美の新しい基準を創り出していった。

パリの女性のスタイルは世界各地へと伝播《でんぱ》する。当時の日本でも「大正モガ（モダンガール）」が、彼女たちをお手本に新しいお洒落を楽しみはじめていった。

機能美の追求

1920年代には、エミールの進取の気性を反映して多くの新製品が登場した。しかも、そのいくつかはエルメス発祥だということが忘れられるほど一般化している。

ファスナーは、その代表的なものだろう。

第1次大戦中、軍事用の皮の買い付けのためにカナダに派遣されたエミールは、アメリカ軍が車の幌に使用していたファスナーに目を留める。その利便性に驚いた彼は帰国後に特許を買い取るや、製品への応用を始めた。1923年にはファスナーを取り付けた最初の鞄として「ブガッティ」（現在の「ボリード」）を発表する。財布などの小物も次々に登場し、ファスナーは「エルメス式」と呼ばれるほどの人気を集めていく。

シャネルも早くからファスナー人気に目をつけ、洋服に応用することを考えた。だが特殊な縫製のため彼女のメゾンでは対処できず、しばらくの間、エルメスの職人がシャネルの製品にファスナーを取り付けていたという。１９２９年には英国皇太子（のちのウィンザー公）が初めて、ファスナー付きの革製ブルゾンを着用しているが、これは当時としては最高のお洒落だったのだ。

旅行やスポーツ、日常的な移動に供するための様々な製品を発表していくなか、エミールは統一的なブランドイメージにも関心を向けるようになった。

この時期のポスターには、ポロ競技などの馬のデザインやモダンで贅沢な旅のイメージが頻繁にとりいれられ、馬具工房としての伝統と時代に即した革新が強調されている。ポスター作家として名高いカサンドルが制作したものなどは、それ自体の芸術性が後世にも高く評価されている。

エルメス製品は総じて馬具に由来する簡素性と実用性を特色としているが、これが当時流行していたアール・デコや構成主義のデザインと親和性が高かったことも、デザイン面での評価を確立するにあたり幸いしている。時代をリードした芸術家ル＝コルビジエも、エルメス製品を「機能的で見事な出来映え、装飾のいかなる過剰もない大胆な美しさ」と賞賛しているほどだ。

1926年には他のブランドに先駆けて、フォーブル・サントノレの本店でいまやエルメスの名物ともなっているウィンドウ・ディスプレイが始まった。現代にいたるまでヨーロッパの人々には、エルメスのようなプレミアム・ブランドの店舗に気軽に入るという習慣はない。夢のあるディスプレイは、店の前を通りかかる女性たちの注目を集めていく。

イメージへのこだわりはネーミングにも反映されている。さきのファスナー付きバッグ「ブガッティ」は、当時を代表する高級車メーカーに因んだもので、高級感や時代性という面で相乗効果が期待されているのは明らかである。

不況期の高級品

こうして事業の拡大に成功したエミールは、コートダジュールやカンヌといったリゾート地をはじめフランス内外に支店を開設し、アメリカ進出計画も具体化させていった。ところが１９２９年の世界恐慌をきっかけに事態は一転し、再び経営危機がエルメスを襲う。このときには職人たちが支払いの猶予を自ら申し出たことで急場を凌ぐが、第２次世界大戦の開戦によって状況はさらに混沌となっていった。

それでもエミールは、時流を心得た商品開発の手を休めることはなかった。１９３０年には革製品としては手頃な価格の手帳を発売する。そしてスペイン内戦が起きた１９３６年とその翌年には、相次いで香水とスカーフを発表した。

馬具製造の技術とは本来無関係な絹と香料という新分野への進出であるが、エルメスの原点である最高級の「品質」を強調することで、ブランドイメージの統一感が保たれた。そのデザインやネーミング（例えば香水の「カレーシュ」は女性向けの優雅な馬車の名に由来する）は、のちに馬具工房やフランス宮廷文化というエルメスの原点となる「イメージ」を維持するためにも大きく貢献することになる。

なにより、これらは不況の時代に即した手ごろな価格の「最高級」品なのだった。とくに香水は利益率が最も高い嗜好品の一つだ。エルメスに限らず、大不況のなかでも、各社で熱心に商品開発が行われている。1935年にはジャン・パトゥが「最も高価な香水」として「ジョイ」を売り出し、大ヒットを記録した。日本でも資生堂が政府の要請を受け、外貨獲得のために最高級の輸出用香水の製作を手がけている。

終戦を迎えた1945年、エミールは現在の商標とオレンジ色の包装紙の採用を決め、再出発を図る。

商標となった「四輪馬車と従者」は、御者ではなく主人が馬を御す「デュック」と呼ばれる馬車を描いたものだ。ここには、「エルメスは最高の品物を用意するが、それを使いこなすのは顧客自身なのだ」というメッセージが込められているという。ちなみに「デュック」は、ティエリの時代にウージェニー皇后が愛用したことでも知られる。

おなじみのオレンジの包装紙は、戦時中に資材が用意できず仕方なく余っていたオレンジの紙を使ったところ、インパクトがあまりに強かったため続投が決まったという。

エルメスの原点を明確に意識したうえでの時代のニーズに即した製品づくりと、効果的なイメージ戦略を実践したエミールは、再三の危機を乗り越えるなかで、現代の強力なブランド力の基礎を確立していった。

4代ロベール・デュマ――「セレブ」御用達

1951年にエルメスの「中興の祖」エミールが死去すると、娘婿のロベール・デュマ・エルメス（1898〜1978）が社長に就任する。

ロベールの当面の課題は、新規参入したシルクと香水部門を軌道に乗せることだった。この時期にたまたま、ブルゴワン（リヨンとグルノーブルの間の小さな村）の捺染《なっせん》業者がシルクスクリーンによるスカーフ製造技術を売り込んできた。事業の本格展開を考えていたエルメスにとっては渡りに船といったタイミングで、従来の木版にはない鮮やかな発色のスカーフがエルメスのラインナップに加わった。

スカーフは現在も、繭を輸入した後の全工程がリヨンで行なわれている。1枚のスカーフに使用される色数は2色から多いときには40色程度になるというが、色数と同数の版をつくり刷りを重ねる。染料もいまや6万種を超えるという。

シルク部門の安定を背景に紳士部門が設けられ、1960年代にはスカーフのデザイナーによる「いたずら書き」がきっかけで、動物柄や幾何学模様などの新機軸のネクタイが作られた。

いまでこそ、ひよこやあざらしなどが描かれた茶目っ気のあるネクタイも珍しくないが、かつては無地かせいぜいストライプ模様が基本だったから、これは当時としては随分、斬新な試みであった。香水部門も本格稼動を始め、1961年には名香「カレーシュ」が登場する。

こうした動きはあるものの、基本的にロベールの時代は事業の安定に主眼が置かれている。マスメディアの発展とともに、良くも悪くもブランドイメージの保持が問題になった。

1950年代に入り、カラー写真入りの女性雑誌やテレビ放送が普及するとともに、世界の「セレブリティ」の姿が逐一報じられるようになる。同時に、その愛用品としてエルメスの知名度も急速に高まっていく。

なかでも、インパクトが大きかったのはモナコのグレース王妃だ。1956年、「ライフ」誌の表紙に、妊娠中のお腹をエルメスの鞄で隠すようにした王妃の写真が掲載された。これを見たロベールがモナコ王室に、この鞄に王妃の名を使えないものかと打診したところ快諾され、「ケリー」バッグが誕生する。

ジャクリーヌ・ケネディもスカーフ（とくに占星術模様のもの）や鞄「コンスタンス」を好んだことで知られる。

エリザベス女王の愛用も有名だ。生誕60年を記念してイギリスで発行された切手にも、エルメスのスカーフを身につけた女王の姿が採用されている。落馬により骨折された際にも、ギプスをスカーフで吊って、ファッションとして楽しんでいらっしゃる。

女王が1972年にフランスを公式訪問された折には、ロベールはおおいに歓迎の意を表し、フォーブル・サントノレの本店にユニオンジャックを掲げ、横断歩道のプレートまでも両国の友好を示すオリジナルのものに変更した。記念に作成されたスカーフはその名も「レジナ（女王陛下）」だ。連合王国を象徴する花々（イングランドのバラ、スコットランドのあざみ、北アイルランドのクローバー、ウェールズの韮《にら》の花）がフランス風のブーケで結ばれている。

伝説的な人物に愛用されたことで一時的に有名になるブランドは他にもあるが、エルメスはタイミングのよい商品化やネーミングによってブランドイメージを高め、しかも半永久的な効果を得ている。いまや定番中の定番といえる「ケリー」バッグも、まもなくその命名から半世紀になる。

ライセンスブームに逆行

後世から見た場合、ロベールの最大の功績は1960年代以降、他のブランドがライセンスを濫発していた時期に、一切ライセンス生産を行わなかったことだ。この方針を貫いたのは、エルメスのほかにはシャネル、ルイ・ヴィトンなど、ブランドの原点を意識したごく少数のプレミアム・ブランドに限られる。

一方、ライセンスを濫発したブランドの代表格がピエール・カルダンだ。80年代後半には世界94カ国で800ものライセンス契約を結び、カルダン印のチョコレートや電化製品まであった。ライターの権利を二重発行したとして訴えられる騒ぎまで起きている。

なかでも日本は「出せば売れる」という「ライセンス天国」であったから、何にでもブランド名が躍っていたことをご記憶の方も多いだろう。イヴ・サンローランの炬燵布

スカーフ姿のエリザベス女王
(GRAHAM TIM／CORBIS SYGMA／Corbis Japan)

「ケリー」バッグを持つグレース王妃
(DALMAS／SIPA PRESS／ORION PRESS)

団など、今から見るとびっくりするような商品も多い。現在では、ライセンスを濫発したブランドは、堕ちてしまったイメージの回復に躍起となっている。

だが、あくまで伝統を死守するという方針は、他方でブランドに「古くさい」イメージを植え付けることにもつながっていた。

「60年代にミニスカートとブリジット・バルドーが現れるまで、セクシーさと若さのファッションは存在しなかった」と評されるように、60年代には「若者ファッション」が街に溢れ、定着していった。同時に「ブティック現象」(ブティーク・ミスティーク)と喩えられたように、服を仕立てるという習慣が急速に消え去り、ブティックで気軽に既成服(プレタポルテ)を買うというスタイルが年代層を越えて広まっていく(『ファッションデザイナー』)。

エルメスの顧客である中高年の女性層も、こうしたカジュアルなファッションの流れに影響を受けないわけにはいかなかった。これまで時代の「動き」にうまく対応してきたエルメスだが、ロベールはここで遅れをとることになってしまう。当然ながら、業績も低迷していった。

第2章　伝統と革新

エルメスの現当主であるジャン・ルイ・デュマ・エルメス（1938〜）はロベールの第4子でもあり、そもそもエルメスを継ぐ気はなかったという、いわば傍流の社長である。

パリ大学法学部、パリ政経学院卒業後にアルジェリア戦争に従軍し、インドやアジアを放浪した後、ニューヨークのデパート、ブルーミングデールにフランス人初の研修生として半年間勤務した。このとき高級デパート、ニーマン・マーカス幹部の知遇も得て、アメリカ流のビジネスに触れる。

滞在先はのちにジョン・レノンが住むダコタハウスだ。かつてはドラマーとしてバンドにも参加していたほどジャズ好きのデュマは、まだ白人がまばらだったころのニューヨークのジャズクラブによく通っていたという（「エスクァイア」1997年10月号）。

敬愛するケネディの暗殺後——ケネディはエルメスの鞄「サック・ア・デペッシュ」を愛用しており、暗殺当日にもこの鞄を使用していた——デュマはロベールの要請を受けてエルメスに入社し、職人見習いから始めてデザインも担当するようになる。ちなみに彼は、現在もクリエイティブ・ディレクターとしてエルメス製品を統括している。

1978年、ロベールの逝去を受けて、デュマは40歳でエルメス5代目の社長に就任した。ロベールの時代に定着した「古くさい」イメージを取り払い、高級感そしてブランドの原点を保ちながらも若者に対する訴求力を持たせなければならない。ブランドの「再生」がデュマの急務だった。

広告の刷新

手始めは広告による刷新だ。

デュマと同じパリ政経学院で学び、過去にギャルリー・ラファイエットやベネトンなどの広告を手がけた広告会社社長のフランソワーズ・アロンが起用された。若い女性にエルメスのスカーフに関するインタビューを行ない、「時代遅れの代物」と一蹴された彼女は、事態の深刻さを認識する。

「老舗だけが持つ神秘性を損なうことなく、エルメスを現代に蘇らせる」

これがアロンの課題となった。

ちなみに当時は日本でも、エルメスは現在の人気とはかけ離れた状況にあった。スカーフを主力とした高級ブランドというイメージはあったものの、皮革製品の認知度や売上高は現在とは比較にならないほどに低く、ましてや若者に対する訴求力など、ほとんど持たなかったといってもよい。

こうした状況のなかで彼女が採用したのは、その名も「伝統を足蹴にする戦略」だ。ジーンズのブルゾンをはおった若い女性が無造作にスカーフを首に巻いている絵柄がその第一作となり、その後も「人々を驚かせ、食欲をそそるような広告」が企画された。

包装用のオレンジの箱をいくつも積み上げ、茶色のリボンで何重にもぐるぐると巻いた写真をポスターに用いるなど、これまでのエレガントなイメージを逆手にとった演出が続けられたのである（『カレ物語』）。

斬新な広告は若者の目にも新鮮に映り、エルメスは俄然、注目度を高めていった。さらに当時、設立されて間もないエルメスの日本法人エルメス・ジャポンが始めたスカーフの結び方の講習会や小冊子の配布が、絶大な効果を発揮した。

「当社のこの企画をパリ本社が逆輸入し、同じような催事が世界各国で開催されました。八七〜八九年にかけて国によってはスカーフの売上が七〜十倍に急伸するほど……。ことスカーフに限っては、日本が火つけ役になったといっても過言ではないでしょうね」

(「財界」1998年1月20日号)

エルメス・ジャポンの加藤三樹雄前社長は、当時をこのように回想している。

当時のアメリカの業界紙も、「スカーフ人気にはエルメス独自のアピールが功を奏している」とエルメスの販売戦略に注目し、その成功を報じたほどだ。

新製品の展開

「伝統あるブランドでも革新がなければ付加価値がない」

つとにこう語るデュマは、時代のニーズに即した新商品の開発も積極的に行なうことで、若者の関心をさらに高めていった。

１９８４年のテーブルウェアを手始めに新商品が次々に発表されていくが、マグカップやコインケースのように比較的手ごろな価格の「入門編」が多いことも特徴的だ。主力商品で高級感を保ちつつも、若い世代にも手が届きやすいものが加わることで、広告の刷新と相まって親しみやすいイメージが添えられた。

ただし、「入門編」にも本社による徹底したこだわりが強調されている。

例えばテーブルウェアのパンフレットでは、スカーフのデザイナーが「陶磁器の技術的特徴に左右されることなく」自由にペンを走らせたと紹介され、デザインの過程も詳細に解説されている。ロゴだけを転用した他社のライセンス生産とは対照的な姿勢だ。

新展開が進む１９８７年、デュマは「高いブランドイメージを維持するためにどんな手を打っているか」との質問に対して、「開発、生産、販売を一貫してパリ本社が管理することに尽きる」と語っている（「日経産業新聞」１９８７年10月9日）。

１９８０年代の後半には、諸策が功を奏してエルメスは人気を回復させていった。追い風のように、若者ファッションへの反動から世界的な「クラシック」回帰の流れが起こる。現代風を加えた「クラシック」であるエルメスはことに魅力的に映り、1986年にはニューヨークでの売上げが前年に比べて倍増。当時の「ニューズウィーク」も「エルメスの株の上がり方はすごい」と賞賛している。

日本でも、スカーフ以外の商品も注目されるようになっていった。停滞からの復調は安定したものとなり、以後、原点を重視した「伝統」と「革新」の共存をつねに強く意識しつつ、エルメスは世界的な拡張を進めていく。

なお、伝統を維持した上でのブランド刷新の重要性については、ルイ・ヴィトン、シャネル、カルティエといった老舗プレミアム・ブランドが揃って口にするところだ。いずれのブランドも、「若者文化」到来後に何らかの策が採られ、「伝統」と「革新」の共存に成功している。シャネルはデザイナーの交替、カルティエは若い世代向けに日本円で20万前後にまで価格を抑えた「マスト」シリーズの時計の発売により、現代の人気の直接的なきっかけを作った。

職人技の保護育成

イメージの刷新と業績の回復に成功したデュマは、1980年代末にはより長期的な視点から、主力商品である革製品を担う「職人の伝統」を維持するため、生産体制の整備をすすめていく。その契機となったのが、冷戦体制の終焉とヨーロッパの不況だ。

1990年、デュマは次のように語っている。

「二年ほど前まで我が社は、比較的短期の経営戦略を打ち立ててきた。だがこの二年間に東欧、ソ連をはじめ世界情勢が目まぐるしく変化したことから、これからは二十─三十年レインジの長期的展望を立てねばならないと痛感した。つまり今後数十年間を通じて、伝統的工芸品である我が社の商品をいかに残していくか、ということが最大の課題となっている」

政治経済体制の急変は、一面で伝統技術の崩壊という事態をも招いた。東欧では経済至上主義的な考え方の流入によって、長年保たれてきた職人の伝統技術が瞬く間に崩れさってしまったのである。当時の日本でも、東欧製の手作りおもちゃなどを急いで買い占めた商社もあったという。

「まず消費者、従業員に対する教育、情報提供を活発にすることだ。フランスの有名ブランド七十社で組織するコルベール委員会を通じて、伝統的工芸品の重要性を説く講義を国内外の大学で実施し、次代を担う若者たちの意識を高めていく。また、我が社の従業員教育を徹底するとともに、全世界にある店舗二百五十店のうち直営店の比率を高め、本社の目が行き届くようにする。もう一つは物作りの一層の充実だ。来年七月に完成するパリ近郊の新アトリエへの投資がこれにあたる。アトリエの規模を従来より拡張し、職人が働きやすく、創造力をかきたてられるような環境を作りあげる」(「日経流通新聞」１９９０年11月29日)

伝統技術の保護を行うための具体策は、という質問にデュマはこう答えている。やがてこの言葉に沿って、商品管理などの面で近代的なシステムを備えた工房が設立されていった。

10年近くにわたりエルメスのアトリエに通って写真を撮り続けたパリ在住の写真家、岸野正彦も「エルメスでさえも、だんだんと機械化が進んで」いると語る。岸野は「本物の職業が消えていくのを目のあたりにして、どうしても写真集にしたい」と、アトリエの職人の姿を一冊にまとめている(「コスモポリタン」１９９９年3月号)。

しかしこうした合理化こそが、数年後の日本を中心としたエルメスブームにおける、品質を維持したうえでの販売量の拡大を支えている。

そしてフランス全体の贅沢品産業の強さを支えているのが、職人教育制度の充実だ。デュマが言及しているコルベール委員会とは1954年にジャン・ジャック・ゲラン（ゲラン社長）によって創設された、フランスを代表するプレミアム・ブランド（オート・クチュール、香水、宝飾品、皮革製品、陶磁器、クリスタル、シャンパン、ワイン、フランス料理、ホテルなど）による、「各ブランドの品質とイメージの保持、伝統技術の保護と育成を通じて、フランスの誇る『生活美学』（アール・ド・ヴィーヴル）を世界に広めていくこと」を目的とした組織である。加盟するブランドは輸出依存度が総売上げの76％と、非常に高いことでも知られる。

委員会では国際的な偽ブランド品の取り締まりなど様々な活動を行っているが、なかでも若者に対する教育活動には熱心で、「学生デザインコンクール」や、中学校をはじめとした教育機関と提携して、学生をアトリエの仕事に親しませる「職業クラス」などを実施している（「日本政府への要望書」コルベール委員会）。

エルメスでも、新たに作られたパリ近郊の近代的な工房に子供達を受け入れている。「パンタンにあるエルメスのアトリエでは、モンフェルメイユのパブロ・ピカソ中学校の生徒たちを一週間にわたって受け入れた。彼らの目的は、皮革の仕事とは何かを学び、さらに習得するためであった。一週間の素晴らしい体験！」（「エルメスの世界」１９９4年第2巻）

高等教育にも対応がなされており、フランス国立行政学院はもとより、コロンビア大学ビジネススクールなどでも伝統工芸産業に関する授業を行っている。

当時のフランスでは、ＬＶＭＨグループなどによるプレミアム・ブランドのグループ化がすすみつつあり、輸出産業としての贅沢品産業に関する関心が非常に高まっていた。１９８０年代末に、経済学者のガルブレイスも「勝ち目のない分野で競争して破産するより、フランスは得意とする高級ブランド品の分野でリーダーを目指すべきだ」と指摘している（『ベルナール・アルノー、語る』）。

フランスの嗜好品産業がかつてない規模で世界的に拡大するなかで、デュマのいう国民レベルでの職人教育の徹底は国益に叶うものでもあった。

エルメスに限らず、現在のフランスのプレミアム・ブランドの強さの背景には、こうした国家レベルの教育制度や、後に見るように文部省とも連携した若手の才能の発掘を目的とする大掛かりなメセナ活動の整備などが存在するのである。

生産・経営体制の確立

1993年にエルメスは長らく続いた同族経営を廃し、パリ証券取引所第2部に上場した。

株式を公開しても基本方針は変わらず、経営その他に多数の親族が関与している。デュマ自身も上場に際して「エルメスが今後も独自のスタイルを守れるよう、同族経営を保護するシステムをすでに作りあげている」として、金融機関の介入などを排除する姿勢を強調している（「日経流通新聞」1990年11月29日）。

「ブランドを売るのではない。製品を売っているのだ」（「日経産業新聞」1993年10月4日）

「当社に『だれをターゲットに商品を開発するのか』と尋ねるのは、ワインのシャトー

に『今年のターゲットは』と聞くのと同じくらいナンセンスだ」（「日経流通新聞」1998年10月29日）

近年の世界的な「ブランド」ブームの風潮に逆行するように、デュマはつとに自社の職人技術にもとづいた「品質」を強調し、「ブランド」そして「マーケティング」の存在を徹底して否定する。

広告率の低さも特徴的だ。これはコングロマリット化をすすめるＬＶＭＨが、よりファッション性やモード感、セクシーさを強調し、大規模な店舗展開や広告を行っている姿とも対照的なものだ。

とくに、品質に対して手頃な価格を標榜するルイ・ヴィトンが若者を中心にあまりに日常化するなかで、販売数を限ることでいっそう「憧れ」の度合いを高めているのである。こうしてデュマは、エルメスの原点を徹底して強調することで強い独自性を保ちつつ世界的な事業展開に成功し、２００３年現在、世界１６０都市に店舗を構えるに至った。

第3章　デザインの統一性

エルメスの魅力のひとつに、過去の製品でも現在の製品でも不思議に統一感があり、ロゴがあるわけでもないのだがエルメスのものだと感じさせる「雰囲気」がある。とくにスカーフについては、多数のデザイナーによる多様なデザインながら、「なんだか独特なものがあるよね」と、筆者の友人のあいだでも話題になることがしばしばだ。

統一感を保ちながら、それでいて、どこかに新しさを感じさせる現代性が加えられていることも事実で、この融合感はなかなか他ではみられない。これがエルメスの大きな魅力のひとつであり、顧客の目に見える形でブランドイメージの形成に寄与している。

2大主力商品である鞄とスカーフは、まったく用途もデザインも異なるものだが、それぞれにエルメス製品としての統一感と現代性の共存が図られている。

分かりやすい。

定番商品と微調整

鞄の統一感は、最高級の革による質的な特徴もあるが、デザインから見てもきわめて分かりやすい。

エルメスは馬具製造の出自から、簡素性と実用性をデザインの特徴としている。鞄ではこの原点がもっとも明確に伝えられており、1892年に登場した最初の鞄「サック・オータクロア」からデュマの時代の新製品にいたるまで、基本的なスタイルはかわっていない。「オータクロア」や「ボリード（旧称ブガッティ）」のように、初期の製品のなかには100年前後の人気を保つものすらあるほどだ。

デュマは次のようにも語っている。

「エルメスは、百六十年にわたって時代の先端であるよう努めてきたが、六カ月ごとに変わるようなファッションの中に、身を置くことはしていない」（「日経流通新聞」1999年1月21日）

流行を超越したスタイルは、時代そして地域を問わない人気の源泉であり、エルメスが「別格」「ブランドのなかのブランド」と称される所以《ゆえん》ともなっている。注目すべきは、定番を保ちながらも「時代の先端」にあるということだ。

定番製品も時代の流れのなかで不具合が生じることは少なくないが、エルメスでは時代にあわせた微調整やサイズ展開を行うことによって現代のニーズに適応させている。

例えば、時代とともに鞄は小型化する傾向にあり、「オータクロア」や「ボリード」でも何段階かのサイズ展開が行われている。近年、日本で不動の人気を誇る「バーキン」も、1984年の発売当時は幅40センチの型のみだった。しかし、小柄な日本人による市場の伸びとも関係するのだろう。1990年代には35センチ、30センチと相次いで小型のものが加わった。

グレース王妃の名を冠した「ケリー」はそもそも「オータクロア」の小型版だが、数多の鞄のなかでもエルメスの「顔」としてバリエーションが多い。オリジナルのイメージを残したままリュック型にした「ケリー・アド」や、ショルダー型の「ケリー・スポーツ」なども登場し、アクティブな現代女性のニーズに応えている。かなり小型でかわいらしい「ミニ・ケリー」や「ミニミニ・ケリー」も人気があり、鞄のベルトと南京錠をデザインした同名の時計もある。

なかには「ケリー」本体が顔に見立てられ、留め具の鼻に、山形の眉やくりっとした目、大きく笑った口が縫い付けられ、そのうえぶらりと手足までもが付けられた「ケリー・ドール」のように、悪趣味すれすれのご愛嬌の作品もある。愛用者によればこの小さな鞄は柔らかい革でできているのだが、「足」があるせいで座りがよく、また開閉も楽で使い勝手がとてもいいそうだ。実用性はこんなところでも保たれている。

金具ひとつでクラシックな雰囲気が大きく変身する場合もある。「ケリー」の留め具は通常、金色であるが、よりクールな雰囲気を求める「モード」ファッションの流行を背景に、銀色の「パラジウム」シリーズが登場し話題になった。それまで「エルメスに飛びつくのは気がすすまなかった」という人気の流行評論家・甘糟りり子も、いちはやくエッセイで取り上げている。

「リッチなマダムの必須アイテムだった黒い35cmのバーキンも、留め具が金から銀に変わっただけでいきなりモードの顔になる。エルメスのモードな部分を差し出されたら、後先考えずにオーダー・シートに名前とアドレスを書いていたのだ」（『贅沢は敵か』）

留め具ひとつで、ファッションの手練《てだれ》を「後先考えずに」行動させるとは、デュマの本領発揮というところだろう。

新製品の開発

定番モデルのバリエーションに加え、デュマは時代の要請に応えた新しいモデルも次々に披露している。実用性と簡素性が保たれたシンプルなものが大半だが、そこに明らかな現代性を加えているのはネーミングによるイメージの力である。

エルメスの「伝統」を体現する商品が「ケリー」をはじめとした商品群だとすれば(もっとも命名当時は、まさに「時の人」の名を冠した鞄であった)、「革新」を体現する商品には新しい時代を反映する名前がつけられている。

「バーキン」は、その代表格だ。デュマがたまたま飛行機で女優のジェーン・バーキンと隣合わせになったところ、彼女の籐の鞄があふればかりになっていた。見かねた彼が荷物がどっさり入る実用的な鞄を作ると約束してつくったのがこれで、１９８４年に一般に発売された。

大型でヘビーユースに耐えるこの鞄は、社会に進出する女性たちに歓迎された。もっとも、エルメスでは他にもこうした用途に向いた鞄はいくつも作られており、この人気は「バーキン」という時宜を得たネーミングに負うところが大きい。

キャリアも恋も充実させ、さらに年齢を重ねても可愛くコケティッシュなバーキンは、グレース王妃の対極にある、新しいタイプの女性の偶像的存在だ。「上流社会」もいいけれど、「リップスティック黙示録」くらいのほうが、仕事を持つ女性には親しみも湧くというものだろう。もしこの鞄が「ドヌーヴ」とか「サッチャー」といった名前だったら、これほどには人気が出なかったに違いない。

NPO法人「国境なき医師団」のステッカーやタクシーの電話番号を書いたシールなどを貼った「バーキン」を持つバーキンの姿が、その後度々報じられている。彼女のいたって豪快な鞄の扱いも、女性たちの注目を集めるに充分であった。さらに1996年前後の「スーパーモデル」ブームのなかで、彼女たちがミネラルウォーターのペットボトルなどを入れて無造作に持ち歩く姿がファッション誌を飾り、人気が沸騰した。

日本の働く女性がこぞって注目したのも、日常的に豪快に使える「バーキン」だ。当時のファッション誌編集者は「バーキンはまさに、成功した女のアカシ。ケタ外れの値段と希少価値が、キャリアＯＬの自尊心をくすぐるんですよ」と述べている（「週刊文春」１９９９年4月15日号）。

この当時「5年待ち」であったが、２００３年現在ではあまりの人気にオーダーをストップしているほどだ。

バーキンを持つジェーン・バーキン
(CHARRIAU／ANGELLI／ORION PRESS)

商品のネーミングの重要性については、先にみた「ケリー」人気でも充分に証明されている。40代の専業主婦の方がケリーについて「みんな、どこかでお姫様になりたいと思っているのよねえ……」と、しみじみ語るのを聞いたことがあるが、彼女たちの「お姫様願望」や「セレブ願望」に対処できる商品は、他にはなかなか見あたらない。

お姫様願望の女性には「ケリー」、キ

ャリア志向の女性には「バーキン」。エルメスでは、時代の流れのなかで生じてくる様々な層に対して、鞄の基本形は変えぬままに、実用性とともにネーミングにもこだわった商品を用意しているのだ。こうした商品展開の厚みも、老舗プレミアム・ブランドの大きな強みとなっている。

スカーフに込めた物語

エミール以来、ネーミングはエルメス製品のいわば「見えないデザイン」となっている。よりイメージに依存するところが大きいスカーフでは売上げにも大きく影響するといい、デュマは「タイトルもデザインと同じくらい重要」だと認めている。

スカーフは鞄とは対照的に目に見えるデザインも多様性や象徴性に富んでいて、これまでに1000以上ものバリエーションが登場している。だがそこには不思議な統一感が保たれていて、他のブランドの製品とは大きく雰囲気を異にしている。こうした雰囲気はどのようにして醸成されるのだろうか。

「デザインの源には資料となる実物が存在するわけで、必ず何らかの『物語』が隠されている」

デザイナーが語るように、エルメスのスカーフの最大の特徴は、徹底した実物や実話の描写による「物語性」が秘められている点にある。

例えば馬のモチーフはスカーフの発売当初からの定番だが、多くは3代目社長エミールが収集した馬や当時の旅にまつわる資料からなる「エミール・エルメス・コレクション」から採られたものだ。それは彼の書斎であった本店の一角に収蔵され、現在ではデザイナーたちのイマジネーションを刺激する格好の素材となっている。

50万枚以上が売れたベストセラー「式典用馬勒」（１９５７年、馬勒とはおもがい、手綱、くつわの総称）では、収蔵品から１８６０年にメキシコのマキシミリアン皇帝が特別に注文した人魚の形をしたはみが描かれている。エリザベス女王も41ページの写真でお召しになっている。

動植物など自然のモチーフもデザインの定番だ。これらも徹底した実物もしくは文献調査に基づいていて、例えば「プリュム」（１９５３年）では一枚のスカーフに１７６枚もの羽毛が模写されている。カケス、キジ（雌雄）、タシギ、ヤマシギ、ミドリキツツキ、ハシビロガモ、ヒドリガモ、オナガガモなど13種が模写されている。様々な色合いと質感の石をちりばめた「鉱石」（１９５８年）、描かれるために生まれてきたかのような茸の数々を描いた「シャンピニオン」（１９６０年）など、同様の趣向の作品は多い。

その描写の正確さは特筆すべきものだ。筆者の周囲でも、プロのセイラーがヨットをモチーフにしたエルメスのスカーフを見て、細部におよぶ正確な再現に驚いたと聞く。エルメスでは職人の手仕事へのこだわりとともに、デザインにおいても複製芸術時代に逆行するように、時間のなかで醸成され、それ自体が生命をもつような唯一無二のものの複製不可能なオーラが追求され、独特な雰囲気を醸し出しているのだ。

「そのアトリエから生まれてくる商品は、不思議に、物語のように、人々に記憶を呼び起こすものを含んでいる」（「朝日新聞」１９８６年5月21日夕刊）

長くパリに住み、西武百貨店を通してエルメスを日本に導入した立役者としても知られる堤邦子（兄は堤清二）は、かつてこのような言葉を残しているが、実物の追求というデザインの背景を考えれば、必然の結果かもしれない。

デュマによる本格的な海外進出の後で、スカーフのモチーフは大きく変化し、新鮮味が加わっている。

以前は馬やフランス文化といった、エルメスの原点を強調する図柄が主だった。当時の販売地域がフランス中心だったことを考えると、顧客層にとっては非常に馴染みのある題材である。我々が、江戸時代の文様などに親しみを感じるのと同じことであろう。

だが、販売地域が世界へと拡大するなかで、デザインの対象も拡大していく。「ビザンチンの空」「インレ湖の水上マーケット」「トゥルカナ族の真珠」「チベット」「四川省」「ニューオリンズ」「セビリアの祭日」「グリーンランド」と、近年のスカーフを並べたら世界一周ができそうだ。実在する物、そして物語性へのこだわりも一層徹底され、デザインモチーフの渉猟活動が、世界規模でなされるようになる。

色出しの研究も進められ、ロベールの時代からエルメスに親しんでいた日本の顧客は、デュマの時代にスカーフの色あいも急速に鮮やかになったと口を揃える。それまでのものは、どこかくすみがちで日本人にはとても似合いそうになかったという。ちなみに1979年の取材記事では、エルメスの女性スタッフが染色を勉強するため、すでに4回の来日を果たしていると報じている（『エルメス大図鑑』）。その後まもなく起こった日本でのエルメススカーフのブームの遠因には、こうした色づかいにおける親和性もあるのかもしれない。

世界に広がりゆくエルメスの顧客は共通して、そのデザインにエルメスの原点はもとより、どこかで見たこと、聞いたことがあるような既視感を得たり、あるいは見たこともないような新鮮さを覚えるのだ。

「顧客関与型デザイン」

人々の既視感や記憶に訴えかけるエルメスのスカーフには、顧客の知的好奇心を刺激する工夫も加わっている。

以前は、由緒あるモチーフが描かれるという程度の比較的単純な仕掛けだった。ところがスカーフを「一つの文学作品」と喩えるデュマのもとでは、１枚のスカーフが複数の次元の物語を含み、全体で一つの物語世界を構成するようになっている。いわば、モチーフの象徴性などに対する教養がなくては解読できない、よく出来た推理小説である。

スカーフのなかに「一つの世界」が構成され、「複数の視点」が含まれるというスタイルが、1990年代に日本のCMプランナーが指摘した、成功するテレビコマーシャルの基本構造と共通するのも興味深いことだ。

ここでデュマの時代のスカーフから、「マハラジャ」(1996年)、「木の伝説」(1998年)の2枚について具体的に見ていきたい。

「マハラジャ」ではインドの宮廷をベースに、異なる時空間に位置する複数の事物が描かれ、幻想的な物語空間を構成している。

中心にはインドの宮殿内の情景が配置され、マハラジャ(インドの王)や廷臣たちが描かれる。建物の外観は実在するアンベール城を、内装はビカネール宮殿を模したもので、細部までの詳細な再現性が見事だ。縁の部分には一つ一つが独立した形で、世界中に起源を持つ様々なモチーフがあしらわれている。

スカーフの展覧会のカタログによれば、1765年頃にロンドンで書かれたジョージ・スタブス作「インドのチーター狩りと案内人たち」に因んだモチーフ、マドラス市にあるロバート・ホーム作「人質として囚われたスルタン・ティプの息子たちを迎えるコムワリス卿」の一場面、「ジュング・バハドール」という文献に着想を得た騎手など、文芸作品から着想を得た図案だけでも多岐にのぼる。

ここにニューデリー国立美術館所蔵の宝石を嵌め込んだ翡翠のカップ、そして水ギセルやパンカー（銀製の扇）、グラブパシュ（バラ香水の散布器）、タンプラ（ラジャスタン地方の楽器）などが加わって、時空を超越した幻想的なイメージを構成しているのだ。店頭配布用のカタログには、「さまざまな年代が交錯するモチーフの中で、3世紀にわたる歴史がムガール美術の玉虫色のうすもやに凝縮されている」と解説される。

「木の伝説」も、一瞥するだけで細部へのこだわりと象徴性が明らかな、謎めいた雰囲気を持つ一品だ。対角線上に大きく「叡智の川」が描かれ、大胆に画面を二つに分断している。一方にはりんごやオリーブをはじめ何種類もの木が、他方には世界の木々が表わす様々なシンボルが描かれている。

スカーフのカタログに付されたテキストの全文は次のとおりだ。

「木に関する伝説は数多く、あらゆる国に、あらゆる時代を通して存在する。第七天（至福）への到達の手段である木、また、その生育に必要とする四大元素の統合とでもいうべき木は、樹液をもって、東洋の信仰やギリシャ神話やドルイド僧の知恵をも育む。ヘスペリデス島のリンゴの木、聖書に語られるオリーブの木――その枝は心を静めるという――、不死を約束するイトスギ、ゼウス神に捧げられた樫の木やタンタロスを苦しめた梨の木、これらの木々が、スカーフの上で森を形成し、静かに眠る水面に、木が象徴するものを映し出している」（1998年春夏スカーフカタログ）

デザイナーのアニー・フェーヴルは、「木を描く前に、当たれる限りの文献に当たって、ひとつひとつの木の意味を勉強していった。それを文章にまとめて、それからデザインに取りかかった。いくつもの木で、ひとつの大きな木を描きたかった」（『カレ物語』）と語っている。見えない部分での徹底した調査に基づいた、謎めいた雰囲気がエルメスのスカーフの特色になり、見る者を引き込んでやまない。

ＬＶＭＨのベルナール・アルノー会長は、「スター・ブランド」（本書のいう老舗プレミアム・ブランド）の要素の一つに「タイムレス」（永久不滅）を挙げている。「品質の大切さを口にする企業は多々あれど、自社のブランドをタイムレスにしたければ、異常なまでにこだわるべきでしょう」（「ＤＩＡＭＯＮＤハーバード・ビジネス・レビ

ュー」2002年3月号）

エルメスでは品質のみならず、デザイン面においても実物や既視感の追求、そして構成に至るまで「異常なまでのこだわり」が注がれているといっても過言ではないだろう。それによって、ぶれのないブランドイメージが製品レベルでも保たれるのだ。

日本の伝統意匠とエルメス

ところで、デザインの象徴性に対する留意は、職人の世界では珍しいことではない。西洋での純潔の象徴としての百合などは、よく知られているところだ。

日本でもかつては、工芸品や織物のデザインのひとつひとつに意味が込められていた。たとえばざくろは豊穣の、桃は幸福の象徴といった具合に、職人たちのごく一般的な知識であった。だが、現代では象徴性への理解がかなり薄れているのが実情だろう。

京都などの伝統工芸工房には国内企業のデザイン部署からスタッフが研修に訪れるが、職人は「デザイナー」にこうした「基礎知識」がないことに驚くという。

対照的にエルメスはデザインにおいても、歴史的な伝統を現代に縦横無尽に応用しているのである。謎解きに溢れたエルメスのスカーフは、国民的に「判じ物」に親しみのある日本人の一部には、とくに親和性のあるところではなかろうか。かつて、日本人はそれとははっきりと分からない、謎かけのような形で季節感や心情を表すことを好んだ。織物や蒔絵《まきえ》などでは、デザインに源氏香を用いて季節感を採り入れたり（「初音」ならば秋を示すというように）、あるいは和歌の「本歌取り」のような形で、詞の一部をデザインに織り込むことで作品の平面に物語空間を設けてきた。茶席にしても、着物や茶道具のデザインや銘、そして花や掛け軸がもつ象徴性がトータルに考えられ、いわば言葉や図案による空間デザインがなされる。遊びには教養が必要とされ、そうした機知が長くもてはやされてきたのである。

ともすれば客層を選ぶエルメスのやや高踏的な雰囲気も、相手の教養を試しながら、かつ真意を明白にしないままに愉しむ日本の遊びの伝統に重なる部分があるだろう。日本人のエルメスに対する憧れの一因は、デュマによる教養と遊びあるいはファッションをワンセットにした姿勢が、どこか共感を呼ぶからかもしれない。

無国籍の世界観

徹底したこだわりに基づいた多様なデザインソースからなる製品に、全体としてフランス的かつエルメス的な雰囲気を添えるのに重要な役割を果たしているのが、工房という生産システムだ。

エルメスの製品は、個人作家による「作家物」と大量生産による「普及品」の中間にあり、デザイナーの原画そのものが再現されるわけではない。現在、公になっている資料によれば、スカーフの完成には次のような過程がとられている。

デュマはグローバル化のなかでの世界的な文化の画一化に反するように、各地の文化の個性を重視する旨を語っているが、その言葉どおり、デザイナーの国籍や居住地もさまざまだ。1998年時点でスカーフ専門のデザイナーは約20名だが、その出自はフランスはもちろんのこと、ギリシャ、ドイツ、ロシア、アメリカなど多岐にわたっている(これに随時デザイン案を持ち込む者が加わる)。

そのため、地域性に富んだ作品も多く、デザイナーが自らの出身地に想いを馳せたものも少なくない。ギリシャ出身のデザイナーが1821年のギリシャ独立戦争(ギリシャは約4世紀にわたりトルコの支配下にあった）の勝利をモチーフにした「１８２１」を描いたり、ネイティブアメリカンの末裔のデザイナーがアメリカ先住民文化の色濃い作品を描いたりしている。

エルメス本社内にオフィスを構える者は1名だけで、他のデザイナーはそれぞれのアトリエでデザインを行なっている。ノルマンディーに住むデザイナーにその海岸風景や時空の広がりを感じさせる作品が目立つなど、地域の気風も生かされているようだ。

デザイナーが原案を描くと、デュマが必ず「クリエイティブ・ディレクター」として目を通し、当のデザイナーに他のスタッフも加わって、採否に関する最終決定がなされる。契約デザイナーの作品でも不採用になったり変更を求められるものもあり、会議が終わると涙を浮かべて出てくる者もいるという。色調の決定は「カラーリング委員会」が独立して行なうため、デザイナー自身は配色には関与できない。

1枚のスカーフが完成するまでに、国籍も職種も様々な複数の男女の眼が加わることで豊かな国際性にある種の普遍性が加わるのである。

スタッフの多国籍性はデザイナーに限ったことではない。エルメスが誇るウィンドウ・ディスプレイを担当するレイラ・マンシャリはチュニジアの出身であるし、これまで幾度も展覧会を担当しているプロデューサー、ヒルトン・マコニコはアメリカ出身だ。デュマ夫人でインテリアデザイナーのレナ・デュマはギリシャ出身である。

日本のマンガが国際的な競争力を持つ理由として、キャラクターの無国籍性が指摘されている。マンガは様々な文化がキャラクターの内部に融解してしまった形での無国籍性だが、デュマ時代のエルメスの場合は、いわば点描画型の無国籍性だ。

地域性をはじめとした、作品ごとの個性は非常に明確であるものの、全体として見た場合、ちょうどエルメス製の世界地図のように多国籍性は無国籍化され、あくまでもフランス的なエルメス的世界が広がっているのだ。細心の注意を払ったデザイン過程を経て、エルメスの独特の統一感があらわれる。

老舗プレミアム・ブランドとデザインの融合性

世界的な販路の拡大のなかでエルメスは、様々な形で多国籍の文化を尊重し製品に取り入れてきたが、それは世界的な名声を獲得した老舗プレミアム・ブランドでは、程度の多少こそあれ古くから共通する傾向である。

例えばルイ・ヴィトンの定番商品「モノグラム」は1896年に発表されたが、そのデザインは当時ヨーロッパで流行していたジャポニズム（日本趣味）に大きく影響を受けたものだ。同じくルイ・ヴィトンの「ダミエ（市松模様）」（1888年）も、日本の意匠が起源だと考えられている。濃茶に茶という2色の本体に、薄茶の持ち手という同系色のグラデーションは、日本的なかさねの色合いの発想とも似ているだろう。

現在、日本女性のおよそ3人に1人が持っているとされるヴィトン製品であるが、日本に由来するデザインがフランス的にアレンジされ、それが再び日本人に親しみを持って受け入れられているのだ。

なお、同社の日本法人設立に貢献した秦郷次郎LVJグループ社長は、かつてヴィトン製品を日本に本格的に輸入しようとした際、ファッション専門の輸入商社の社長から、「あの柄は日本のふろしきみたいで、信玄袋のようだ。売れるわけがない」と反対されたという。

カルティエやシャネルも、デザイン面で多国籍文化の融合性が高い。カルティエでは

20世紀初頭に3代目のルイ・カルティエが世界に顧客を拡大するなか、ヨーロッパにおけるオリエント文化への関心の高まりを背景に、日本、中国、エジプトなどのデザインに着想を得た国際色豊かなデザインを発表し、注目を浴びた。

ルイは第1次大戦中に見た戦車を上からみた形をもとに、現代もカルティエを代表する時計「タンク」も開発している。こうした活動によってカルティエは他のジュエラーに対して大きく差別化を行うことに成功し、独自のスタイルを確立していく。

シャネルの場合は、その時々のお気に入りの男性の国籍や職業が、デザインに大きく影響を与えている。

乗馬好きのイギリス人が恋人だったときには、女性がズボンをはくことなどまずなかった20世紀はじめという時代に、乗馬ズボンと白いシャツをいちはやく自らのファッションにとりいれている。縁飾りがついた特徴あるシャネルスーツも騎馬将校の軍服の縁飾りをヒントにして生まれた。フランスに亡命したロシア貴族に恋していた時期には、毛皮の縁取りをした衣装や、ロシア風の大ぶりのコスチュームジュエリー（模造宝石のアクセサリー）が発表されている。

なお、異分野のミックスという点では、シャネルの香水「５番」は天然香料に初めて合成香料アルデヒドが混合された香水だ。マリリン・モンローの愛用でも知られるが、現代に至るまでトップランクの売上げを誇る不動の名香である。

第4章　エキゾチシズムと日本

デュマの時代、世界を対象にしてデザインの渉猟活動が行われるようになっていった。デザイナーたちの実物へのこだわりや、文化的背景まで考慮した徹底的な活動は特筆すべきもので、まさに「異常なまでのこだわり」というに値する。

日本も例外ではなく、これまでに日本をモチーフにした多くの作品が登場している。

デュマは日本での成功について、職人気質の伝統を強調するとともに、「日本固有の独自性や文化を尊重しながらエルメスの『顔』を伝えてきたことが大きい」（「財界」1998年1月20日号）と語っている。

デザイナーたちの来日の様子と、そこから生み出される国際性豊かな製品について見ていきたい。ついで職人たちの世界的な交流の様子についても紹介していく。

デザインされた日本

エルメスの直営店を覗くと、時々、あれれと立ち止まってしまうようなデザインに遭遇することがある。先日も、灰皿を前にしてこの顔はどこかで見たことがあると思ったら、聖徳太子だった。

近年のエルメス製品には日本のモチーフを取り入れたものが散見されるが、こうした傾向はいつごろから始まり、これまでにどういった製品が生まれているのだろうか。古くは札幌オリンピック記念のスカーフなどもあるし、日本初の直営店がオープンした年（1979年）に刊行された『エルメス大図鑑』には「サムライ」という名の灰皿や、「キョート」「コウベ」といったエナメルのアクセサリーが掲載されている。

だが、日本のモチーフが目立つようになるのは、スカーフブームを契機にエルメス・ジャポンさらにはエルメス本社の業績が好調になる1980年代後半以降のことだ。1986年には、こうした動きの先駆けとなる鞄「スマック」、通称「スモウバッグ」が発表された。ずんぐりした形と、中心部の大きな丸ポケットが力士のお腹や土俵の円形を思わせる。

この年には初めての大相撲パリ公演も開催され、翌年の「エルメスの世界」には鞄との関連から写真入りで報告されている。鞄とシルエットが似ていたからであろう、横綱千代の富士の土俵入りに付き添う水戸泉の姿が掲載された（千代の富士は半身で切れている）。ヨーロッパの一般的な紙幣より一回り大きい聖徳太子の旧１万円札がぴったり入る財布「オーサカ」も登場している。

１９９１年には年間テーマ（後述）が「遠い国でのエルメス」となり、日本が取り上げられた。なかでもエルメスの「伝統の職人技術」との共通点から、京都の職人がクローズアップされている。

日本に着想を得た製品が数多く発表され、例えばスカーフには「日本への憧れ」「大名」「盆栽、美しき時」「日光」と題したものや、モネが好んだパリの「ジヴェルニー」の日本庭園を描いた同名の商品がある。タイトルからして想像されるように、「ジヴェルニー」以外は、いずれもヨーロッパで浮世絵などを中心に日本趣味（ジャポニズム）が流行していた19世紀末当時の日本観を髣髴《ほうふつ》とさせるものだ。

「日本への憧れ」には、兜を中心にエルメスらしく馬柄のもの3個を含む11個の印籠が描かれている。カタログでは、印籠は「薬のための芸術の優雅さを語るもの」と解説され、「『頭痛、万歳!』と思わず叫んでしまいそうな美しさ」だと賞賛されている。

「大名」ではその中心にDAÏMYO、そしてPRINCES DU SOLEIL LEVANT(「日出る国の皇子」)と記され、全面に刀の鞘や鍔《つば》が描かれている。解説によれば、「刀は戦とハラキリの道具ではあるが、ここでは『日出る国』の君主達が継承した勇気と名誉という遺産を象徴している」のだそうだ。

エルメスの手にかかると、葵の御紋もデザインの一部でしかない。江戸の人々は、切り口が葵の御紋に似ているということで、胡瓜も輪切りにしないで斜めに切ったという話があるが、そんな彼らが見たら卒倒しそうなデザインである。

さらに古典的な日本趣味路線を邁進《まいしん》しているのが「盆栽、美しき時」だ。中心にはBONSAÏと銘が入った鉢に植えられた盆栽が鎮座し、その下に「盆栽、美しき時」と毛筆体で記されている。色調のバリエーションには、黒地に赤でこの文字が記され、エメラルドグリーンや紫の鉢に植えられた盆栽が並ぶという、なかなか強烈なものもある。

カタログの解説は、京都からのラヴレターという形になっている。

「7月26日、京都にて
私のサムライへ、
愛は盆栽と違って、上手に育てればどんどん大きくなります。

でも、私は貴方の上に陰を落としたりしませんから、どうぞご安心下さい。

あれこれ気を揉まないでくださいね。

この国は時間をかけてゆっくりと考える国なのですから。」

このように1991年に作成されたスカーフは、色調など全体としてはあくまでもエルメス調が保たれているものの、日本人が使用するには二の足を踏んでしまいそうなものばかりだ。これは、現代においても欧米に「サムライ」「ハラキリ」という日本のイメージがなお強力に存在していることを反映する好例でもあるだろう。

もっとも当時の欧米では盆栽や、「愛」とか「楽」といった漢字を転写した「漢字Tシャツ」などが流行しているから、新しい「クール」な「日本趣味」の反映と考えられないこともない。筆者がカリフォルニアに滞在していた1999年、ご近所に住んでいた老紳士も、テールランプの上に「三菱」と白く毛筆でしたためた真赤な「エクリプス」がいたくお気に入りだった。

デザイナーの来日

翌1992年にも「キモノ」(着物風の袖のワンピースのような衣装)や、内裏雛を描いたバスマットが登場するなど、引き続き日本から着想を得た商品が目立っている。同年の広報誌「エルメスの世界」では、エミール・エルメス・コレクションの収蔵品から日本古来の鞍をはじめとした馬具の数々が紹介され、東洋美術のコレクションで知られるパリのギメ美術館のキュレーターが専門的な解説を加えた。表紙には一面の紫を背景に象牙細工の馬が佇んでおり、芭蕉の俳句が添えられている。

道のべの　木槿《むくげ》は馬に　くはれけり

(SUR LE BORD DU CHEMIN

FLEURISSAIT UNE MAUVE LE CHEVAL L'A HAPPÉE)

こうして日本文化がデザインの対象としてクローズアップされるのと並行して、デザイナーが大挙して来日するようになった。1991年の年間テーマにあわせて、1990年末にはエルメスのデザイナーや職人、イラストレーターら33名が来日し、それぞれが選んだ京都や輪島などの伝統工芸の工房で1週間の研修を行ない、「日本の職人のものづくりの心を実地体験」した。靴のデザイナーは和菓子屋に、ディスプレイのデザイナーは北山杉の産地に行ったという（「朝日新聞」1991年11月16日）。

1993年にも約30名が再び京都などを訪れ、伝統工芸の工房を訪問したり、竹細工職人や金属工芸職人のもとで過ごしている。なかには1カ月近く滞在した者もあり、竹細工の実習を行なったり、桂離宮や京都御所で建物や植物のスケッチなどをしていたという。

集団での来日に加え、デザイナーや職人は個人で日本を訪れることも多いようだ。過去にやってきた人物が数年後にふらりと工房を再訪し、ディスプレイ用と思われる試作品の制作を頼んでいった、という話も聞く。

デザイナーらが異国の伝統工芸工房で研修を受ける姿は、職人技術を原点とするエルメスにとって、高い広告効果を持つ。1990年末の来日の様子は、1992年の広報誌「エルメスの世界」でデュマの手書きの文章とともに「旅日記」として写真入りで紹介され、デザイナーたちの体験も小冊子にまとめられている。

1993年の来日の際には日仏のメディアが取材し、両国で放映された。京都側の関係者によれば、当初は研修の様子をメディアに流さないという前提でアレンジが進められたそうだが、結果的にエルメス側が取材に応じたのだという。

個人的な来日については通常はあまり公にならないが、イベントと関連して大きく報じられることもある。職人の場合は、彼らが地方の店舗やエルメスに関連する展覧会場などを訪れて実演を行うケースなどが目立つ。2003年には銀座店で修理を担当する職人が実演のため高松を訪れ、その際に県漆芸研究所を訪問した。地元紙は「世界の名工、讃岐の巧《たくみ》を堪能」と報じ、おおいに歓迎している。

通好みのセンス

デザイナーのレベルでの交流を反映し、その後も日本文化をモチーフとした商品が次々と生み出されていった。茶道具入れのような通好みのものや、2003年には「ユカタ」という名のシンプルな部屋着など、近年では我々日本人が違和感なく使用できるものも少なくない。

デザインの背景となる日本文化への理解も、年々高まっているようである。

1991年に登場したスカーフ「日光」が1995年に再登場しているが、これは日光東照宮神輿舎《しんよしゃ》の天井画にある、天女の舞がモチーフになったものだ。天女の優雅な浮遊の様子を単純に賞賛した1991年版の解説に比べて、1995年版の解説はモチーフの歴史的背景にも踏み込んだものになっている。

「このスカーフのデザインにインスピレーションを与えたのは『鏡天井』。入母屋造りの神輿舎の天井に描かれた絵で、狩野派の絵師たちの作品である。その図案は、東洋の瞑想が意識の高揚を起こす瞬間を表現したもので、若い娘たちの飛翔の形で象徴されている。その希有の時、彼女たちの笑い声は歌になり、浮遊する姿は踊りを踊っているように見える。娘たちの奏でる音楽が聞こえてくる。その時、憐れな二本足歩行をする動物である人間は、物質的な煩悩で重くなった自らの平凡な魂に、翼を与えられる」

竹をモチーフにしたスカーフ「平穏」（2001年春夏）の解説では、「日々の瞑想という日本の習慣」に言及し、渦をなす無数の桜に着物の男女が描かれた「一期一会」というスカーフ（2000年春夏）も登場している。

2001年の「エルメスの世界」（第1巻）の表紙そして巻頭ページに取り上げられているのは、尾形光琳の流れを汲む「琳派工芸」の工芸図案家（デザイナー）、神坂雪佳《かみさかせっか》の作品だ。

明治から昭和初期にかけて日本画の伝統を生かしつつもモダンな作風を確立し、長く京都の工芸デザインに主導的役割を果たした神坂は、これまで国内よりもむしろ海外での評価が高かった。こうしてエルメスに「発見」されたために、現在、日本での知名度そして評価も急速に高まりつつある。2003年には世界各地への巡回に先駆けて、京都で大規模な回顧展も開かれた。

年間テーマが「手」であった2002年には、20世紀初期のパリで活躍し「最もパリ的な日本人画家」と称された藤田嗣治《つぐはる》にちなんで、「フジタ」と名づけられた手袋も登場した。「盆栽」時代から10年の交流を経て、エルメスによる日本の意匠や文化に対する理解は「通」レベルになっているのだ。

背景には、エルメスによる努力もさることながら、日本側からデザインソースを提供する人々が増加しているという事情もある。実際に採用されるものはごく少数とはいえ、スカーフの原案はもちろんのこと、通好みの図案集の持ち込みなども含まれる。

伝統とJポップ

デュマは日本でも、伝統文化のみならず、ポップカルチャーの分野にもいちはやく関心を向けている。

パリでは、高橋留美子の作品などを通してはやくからマンガブームが起こっていたが、デュマは「革新」の一環として、マンガによる社史の作成を積極的にすすめた。「馬に乗れる人、馬が描ける人」という、デュマが示した条件に合致するマンガ家として竹宮恵子が選ばれた。作品『エルメスの道』は1997年に刊行され、エルメスが公刊した唯一の社史となっている。

エルメス・ジャポン関係者によれば、社員も入社時にこのマンガを読むのだそうで、文書化された社史はないという。社史どころか文書はすべて回収され、社員教育用の資料なども手元には残らないそうだ。

この時期には、日本のポップカルチャー関連分野と積極的に関わりが持たれている。報じられただけでも、人気バンド、アルフィーの依頼により結成20周年記念のスカーフを特別に作ったり、日本人若手アーティストの提案で刀の鞘を作ったりもしている。また、ある大手ゲーム機メーカー関係者によれば、実現はしなかったものの、ゲーム機で遊んだデュマが「これまでに経験したことのない感覚を得た」とコラボレーションを提案してきたという。

2001年に銀座に完成したエルメスの旗艦店「メゾンエルメス」オープンの際には、ソニービルとお隣になることを記念し、ソニーの犬型ロボット、アイボ専用のキャリーバッグが作成された（限定1000個で、17万5000円）。これはソニーの出井会長とデュマの話し合いによって実現した企画で、広報誌「エルメスの世界」（2001年第2巻）では次のように未来的なイメージで報じられている。

「アイボ、これはソニーが生みの親であるエンターテイメント・ロボットの名前。すでに数千人の飼い主が日本にはいる。犬の持ち運びのため、エルメスは布と革でキャリングバッグを作った。ソニーはエルメスのバッグに〝AIBO〟ロゴをつけることを許可し、これからも隣人として両社の関係はさらに発展することになる」

この号にはソニーも広告を出しているが、アイボの写真に、ソニーとアイボそれぞれのロゴマーク、そして http://www.Aibo.com とだけ記されたシンプルなものだ。毅《き》然《ぜん》と佇むアイボは現代のサムライのような風情で、いかにも欧米でクローズアップされている「ジャパニーズ・クール」のイメージだ。

こうした日本関連の製品は「サムライ」から「アイボ」まで、海外から見た日本イメージを反映するものとしても、また外国人の日本文化への理解過程を示すものとしても興味深い。

銀座のメゾンエルメス（時事）

エルメスでは日本文化についても、自社の姿勢と重ねるように「伝統」と「革新」の両面をクローズアップしている。エルメスの日本の「顔」でもある銀座の旗艦店メゾンエルメスには、両者の「伝統」と「革新」がいたるところで融合されている。

メゾンエルメスは、45センチ角の手作りに近いガラスのブロック1万3000個を積み重ねて出来たモダンで実験的な建築だが、設計に関与したデュマは、和紙を通してやわらかい光が全体を包む姿をイメージしたという。「日本文化の美しさを知ってもらうためのささやかな恩返し」なのだそうだ（「日本経済新聞」2001年6月25日夕刊）。

エルメス・ジャポン関係者は、夜に建物から明かりが漏れる具合を「濡れ提灯」に喩えている。

ちなみに設計を担当したレンゾ・ピアノは過去に関西新空港も手がけた、日本文化に対する理解度の高いイタリア人建築家である。この建物については、「日本の都市はいつも動いていて、昼と夜では激しく表情を変える。ガラスも絶えず変化し、透明でありながらも不透明になり、色と時代の気分で姿を変える……」と語る（「CREA」2001年10月号）。

各階には馬をモチーフにしたものを中心に由緒ある絵画や写真、彫刻が最低1点は配置され、5階の美術館「アルバム」ではエミール・エルメス・コレクションから選ばれた品々が訪れる者をエルメスの起源へと誘っている。他方、8階はエルメスのコンセプトに即した同時代のアーティストの作品を展示するギャラリー「フォーラム」となっており、ここではエルメスの「革新」の部分を垣間見ることができる。

プレミアム・ブランドと京都

エルメスと日本との20年近くに及ぶデザイン上のかかわりについて見てきたが、他のプレミアム・ブランドについても簡単におさえておきたい。

近年、各ブランドの日本への旗艦店出店が続くなかで、デザインモチーフとしての日本の伝統文化やポップカルチャーへの関心は、海外のデザイナー一般の間で非常に高まっている。

2003年の春夏コレクションでは、ルイ・ヴィトンがポップアーティスト村上隆とその前年からのコラボレーションを継続し、「モノグラム」にポップな桜模様を散らしたカラフルな作品を発表したり、グッチも「日本」をテーマにやはり桜模様を多用した鞄や衣装を多数発表している。

同シーズンのクリスチャン・ディオールやドルチェ&ガッバーナといったブランドの広告にも桜が用いられたし、ゲランが毎春発表する香水「チェリーブロッサム」では、イメージキャラクターとして桜色のドレスを着た「チェリーブロッサムリカちゃん」(限定500体)も登場した。ファッション界は桜尽くしという印象だが、一方でプラダは梅モチーフでオリジナリティを主張する。

日本文化が「クール」と見做される潮流のなかで、デザイナーの来日も頻繁になった。LVMHのベルナール・アルノー会長も、「ちょっと日本へ行って、一〇代の女の子たちが夜、街でどんなものを着ているか、見てくるといいよ」と気軽にすすめるという。アルノーによれば「彼女たちのファッションは非常に進んで」いて、「厚底の靴をはじめ、ブームになるだいぶ前にトレンドを生み出していて、観察するだけでも感性を磨くことができる」という。来日した外国人デザイナーは実際に、若者文化と伝統文化の両面からインスピレーションを受けるようだ(「DIAMONDハーバード・ビジネス・レビュー」前掲)。

彼らの「日本滞在記」「お買い物リスト」は、日本の女性誌の格好の題材ともなっている。日本の伝統そのものには興味をさほど示さない若い女性も、外からの視点によって選ばれた品物や意匠には、ひどく新鮮さを感じるようだ。

クリスチャン・ディオールのジョン・ガリアーノはなかでも来日が目立つデザイナーの一人だ。これまでの「滞在記」を見ると、京都では俵屋旅館が常宿で、友禅の工房や、古代布の店ちんぎれ屋などを訪れている。

「職人がいなくなったら俵屋はなくなります」と女主人が語るように、建物から食事に至るまで日本の職人技術の粋を集めた俵屋旅館が、外国人クリエイターに人気があるのは有名な話だ。そして三条にある小さな古代布の店も、現代ではなかなか見つからないようなデザインの古布を扱うことで知られ、彼らが京都でよく訪れる場所のひとつだ。こうした「滞在記」のせいか、最近ではいつも若い女性でにぎわっている。

他にも有職《ゆうそく》の高倉家などのコレクションからヒントを得てシャネルの紅が作られたり、海外のファッションブランドのためにデザインモチーフを収集する人々が存在していたり、日本のなかでもとりわけ京都と海外のファッションデザイナーとの関係は深い。

京都在住の染色作家に、海外のデザイナーにとっての京都の魅力について尋ねる機会があった。その方によれば、それは「創作」と「デザイン」の違いに大きくかかわっているという。

目には見えぬ歴史的な蓄積があるにせよ、創作とは無からなにかを創りだす作業であり、一方でデザインは既存の図柄からインスピレーションを得て新しい図案をつくることだ。いわば、デザインは独創ではなくて、むしろ時代にあわせた過去の図案の二次利用なのである。京都にはデザインのヒントとなる創作や伝統の文様があちこちに残っているため、魅力があるのだろうとのお話だった。

国際コラボレーションと新製品

外国人デザイナーが日本の職人とのコラボレーションによって作品を製作している例もある。

ティファニーを代表するモチーフのひとつ、オープン・ハートのデザインで有名なエルサ・ペレッティと日本の職人たちとの交流は、30年以上にもわたる。日本ではあまりお目にかからないが、漆仕上げのネックレスをはじめ、金銀の箔をはった竹籠に組紐を合わせた鞄など、独創的なものばかりだ。彼女の洗練されたデザインに、輪島の漆職人や別府の竹細工職人、京都の金箔職人や組紐職人らの職人芸が生かされた作品は、西洋のセンスと東洋の技術を融合した魅力を備えている。そのいくつかは、予約だけで完売し店頭に出ることのない、ティファニーの隠れたロングセラーなのだ。

デザインや製作面における文化の融合の動きは、日本の職人にも着実に進歩をもたらしている。

有名外国人デザイナーの作品の一部を製作したという伝統工芸作家は、それを非常に貴重な経験として記憶している。「我々でも似たようなものを作ることができるが、どこかが違う。野暮ったくなる。第一線に立つ外国人デザイナーの無駄を削ぎ落とした、極め尽くしたようなデザインには圧倒される」という。

また日本人デザイナーならばある程度、技術の限界を考えて注文するところを、外国人はそうしたことを考慮せずにどんどん要求してくる。要請に応えようと努力することによって、技術面での進歩も大きかったという。

日本の伝統工芸産業あるいはラグジュアリー分野に繋がる産業においても、あくまでも「伝統」を保持する一方で、「革新」としての異文化の視点の導入も重要になるだろう。「海外から見た日本」が逆輸入されて人気を得る例は、近年ではファッションに限らずインテリア、食の分野に至るまで多岐にわたっているのである。

もっとも、単なる「外国人受け」を狙った作品だと失敗するということはすでに19世紀の欧米におけるジャポニズムが、もっぱら日本側が粗製濫造に陥ったことで衰退したところからも明らかである。

かつてデュマは次のように語っている。

「日本では伝統は単に過去の継承になっている。一方、われわれは伝統に新しい要素を常に取り込み、揺さぶり続けてきた。そこが違う。京都にはエルメスに力を与えてくれるエネルギーの源があるが、日本はそれを生かしていない。われわれはどの国をイメージする時も、消化吸収してエルメスの世界に溶け込ませ伝統と新しさを溶け合わせてきた」(「朝日新聞」1991年11月16日)。

「職人の遺伝子バンク」

エルメスでは、「職人の伝統技術」を基調にした製品ラインナップの拡張も行われ、職人同士の異文化交流も図られている。

すでに先代ロベールの在任中に紳士靴のジョン・ロブのパリ支部がエルメス傘下に入ったが、デュマの時代にはクリスタルのサン・ルイや銀器のピュイフォルカ、また近年ではカメラのライカも加わっている。１９８０年代末にはエルメスで紳士用品がすべて揃うようにと、帽子のモッチ、紳士シャツのベルナール・ガイエといった伝統技術を誇るパリの職人工房が傘下に入り、その名を残したままエルメスの店舗で販売されている。

エルメスではやくから衣料品一般も手がけているが、近年はイタリア製のワンピースやスコットランド製のマフラーなど、「技術」や「品質」を第一に、フランス以外の国で作られた製品も目立つ。

ベルリンの壁の崩壊後には、世界各地に残されている職人技術を「発見」し「保護」するというプロジェクトが本格的に開始され、その対象は辺境地域にまで広げられていった。

デザイナー集団が日本を再訪した１９９３年には、職人技術を保護するための最初の

「遠征」の対象として砂漠の民トゥアレグ族の銀細工が選ばれ、スタッフが派遣された。「砂漠を800キロほど行ってきてくれないか」とデュマに依頼された担当者は、数度の往復を経て「砂漠のデザイナー」にネックレスをはじめとしたアクセサリーの制作を依頼することに成功する。

まもなくマリの金細工、エクアドルのパナマ編み、そしてブラジルの植物皮革「アマゾニア」(ゴム製樹脂)といった、知られざる伝統技術や素材が続いた。エクアドルではすでに平らなパナマ地を編む技術を持つ者がおらず、「老インディオをやっと見つけ出して、山から下りてきてもらい」村人に技術を伝授してもらって、ようやくパナマ編みの鞄の制作が可能になったという。納期という概念からして教えなければならない場合もあった。

「エルメスが頼まなければ、これは消え去る技術だったわけです」。参加者のひとりは、雑誌のインタビューにこう答えている(「BRUTUS」1999年5月15日号)。

1995年にはエルメスの職人にグループ傘下の職人が加わってキャラバンを組み、インドの奥地ラジャスタン西部のタール砂漠を訪れている。目的は、「鍛冶屋であると同時に、ラクダ飼いであり、また踊り手や音楽家としても優れた人々」である当地の職人たちとの交流だ。

広報誌「エルメスの世界」はこの旅を大きく取り上げている。職人たちは「美という普遍的な意識」のもと共同作業を試み、「文明と文化と伝統の錬金術が、ひとことも言葉を発することなく行われ」た。職人世界では、言葉は通じなくても「手」そして「道具」が「何より雄弁な共通語」となるという（1995年第2巻）。

異文化交流活動を経た1990年代後半以降、トゥアレグ族のアクセサリーがモチーフとなった「砂漠のアクセサリー」など、スカーフのデザインに民族調が添えられた。彼らの銀細工を用いたバックルやネックレス、「アマゾニア」の鞄、パナマ編み製品、マリの金細工のアクセサリーなどが次々とラインナップに加わり、エルメス製品に「革新」色を出すことになった。

とくにトゥアレグは、名前自体が冒険を想起させるものとして様々なところで言及され、エルメスに新しいイメージを与えている。例えば時計「ノマード」（遊牧民）の広告には、次のメッセージが添えられた。

「時間をコントロールして、さらに空間も同時に支配したいことがある。手首には新しい時計ノマード。スチールの強靭さ、スイスの精密さ、トゥアレグ族の簡潔さ。電池が不要だから制約のない自由な行動が可能。時計ノマードがコンパスと組めば世界は大きく広がる。新たな冒険の始まり」

近年のエルメスのブティックは、あくまでも鞄やスカーフが主力製品ではありながら、世界の職人技術を集めたセレクトショップといった観がある。「職人の遺伝子バンク」と喩える新聞もあるほどだ。

それは安価な製品を求めた海外生産とはまったく逆の、最高級の品質や職人の伝統技術というエルメスの原点を大きく強調した拡張のスタイルであり、それゆえにブランドイメージのぶれが最小限に留められているといえよう。

技術とデザインの両面で世界にインスピレーションを求め、徹底して「伝統」に依拠しながら「革新」的な製品展開を行う。ここでもエルメスは他のブランドとの差別性を保ちながら、独自の路線を歩み続けている。

第5章　相手を選ぶメッセージ

これまでの記述から、エルメスが広報誌やカタログを通して自ら雄弁にその活動について語っていることにお気づきの方も多いだろう。

エルメスでは広報とて代理店任せにすることはない。「最高品質の製品を商品として表現すると同時に、エルメスのエスプリやカルチャーを謳っていきたい」（「財界」1998年1月20日号）と語り、「エスプリ」を伝える広報活動を重視する。デュマは、自らクリエイティブ・ディレクターとしての役割を果たし、製品同様に広報誌などの細部に至るまでの芸術性にこだわっているのだ。エルメスの原点や「伝統」と「革新」を共存させる姿勢が効果的に伝えられることで、ブランドイメージの統一感にも大きく貢献している。

そのうえ、上得意の顧客から「エルメスの名前は知っている」といった程度の層まで、それぞれの関与度に応じて効果的なアピールを行っている。メディアの関心を巧みにひき、いわば「広告を行わずして広告する」ことにも成功しているのだ。広告率も他のプレミアム・ブランドに対して圧倒的に低い。1998年の日本の主要女性誌を対象とした調査ではシャネルの1割に留まっている（「BRUTUS」前掲）。

広報活動のなかでも、メセナ、年間テーマ、そして広報誌の存在は特筆すべきものだ。

活発な文化支援

デュマの時代にエルメスがメディアの注目度を高めた要因の一つに、効果的なメセナ活動（企業による文化支援活動）がある。なかでもエルメスの名を冠した「冠メセナ」である春競馬「ディアンヌ・エルメス杯」は有名だ。

これはもともと、1843年にパリ郊外のシャンティイの競馬場で初めて開催された3歳牝馬によるレースで、以後、6月の第2日曜に開催されてきた。貴族社会の社交場としての競馬場を再現したいというデュマの熱意で、1982年からエルメスによる後援が実現している。

招待客はシャンティイ駅から徒歩または愛馬で森を抜けて競馬場に至る。馬を駆って来る場合は、馬場を一周できるという特典がつくそうだ。当日の朝、フォーブル・サントノレのエルメス本店前に集合し、アンティーク・カーで乗り付ける人々もいる。この日は男女とも正装で、男性はシルクハット、女性は趣向をこらした大ぶりな帽子をかぶり、毎年決められる「代表国」を意識した装いで参加する（日本もかつて代表国に選ばれた）。

女性たちのファッションは世界各国の女性誌の格好の取材対象で、まるで映画祭に出席する女優のように翌月の誌面を賑わせる。ランチボックスの収益金の一部がチャリティとなっていることも好評だ。このイベントが毎年、定期的に各誌で報じられることにより、フランス宮廷社会御用達の馬具工房というエルメスの原点となる「イメージ」に加え文化支援という姿勢を広く一般にアピールすることに成功した。

近年、とくにフランスの伝統ある老舗プレミアム・ブランドでは、企業イメージの強化あるいはリスクをさほど伴わないイメージ・チェンジの手段として、メセナ活動が重要視されている。

日本ではさほど知名度が高くないが、カルティエは「カルティエ現代美術財団」を組織し、現代美術の支援につとめている。どちらかというとクラシックなイメージのあるカルティエが、現代美術を支援する財団を設立したこと自体が話題になった。

ルイ・ヴィトンはヨットレース「ルイ・ヴィトン・カップ」を「冠メセナ」とすることで、原点である「旅」というコンセプトを強化している。LVMHグループ全体では「文化」と「青少年」を機軸に、ヴェルサイユ宮殿の修復作業や芸術を志す学生のための奨学金プログラムの後援など、フランス文部省とも連動した活動を行なっている。

商品を生むメセナ

広報に効果を発揮するだけでなく、エルメスのメセナやチャリティ活動は、商品開発とも密接な関わりを持っている。

WWF(世界自然保護基金)に協賛したパンダ柄のネクタイなど、他社でも見られるような企画もあるが、第4章に述べた辺境の「伝統の職人技術」の「保護」をうたう活動と、それに関連する商品開発は独特のものだ。「メセナ」は本来の語義では、企業による、収益などの見返りを求めない純粋な文化支援活動を意味するから、「メセナ的」商品開発とでもいったほうがいいだろう。

エルメスはこうした活動を、「忘れられたり、評価されていなかったり、あるいはまだ知られていない手仕事の源泉を求めて、略奪、剽窃《ひょうせつ》ではなく、地球的規模の相互援助を目的とする遠征」だとアピールする。そして自身のメリットより、販路の提供などにより技術保持を支援していることを強調し、「ノブレス・オブリージュ」といった色彩を前面に打ち出している。

同様の趣向として、１９９７年にはスーダンの難民キャンプの少年による絵が、スカーフの図案として採用された例も挙げられよう。当時10代の少年だった「セフェディンくん」らによるアフリカの自然や伝説を描いた作品は、第1作の「ヌバ・マウンテン」に続いて、「クゴール・ツリー」「新世紀の微笑」など、その後も継続して登場している。日本でも各誌が取り上げ、好意的に報じた。

エルメスが「別格」「高尚」といった印象をもたれている背景には、伝統や製品の持つイメージに加え、メセナ的活動とその効果的な商品化、そしてメディアによる報道も大きく貢献しているといえよう。「遠征」を伝える次の記事は、「エルメス的文化人類学。フィールドは、アマゾンの奥地、サハラの遊牧民」との見出しのもと、こうした活動を賞賛している。

「卓越した手仕事を世間に知らせ、かつ保存の手助けをする。著名性と財力の正しい活用法だ。優れた技術を持つ民族を遠方まで訪ね、真の共同作業をすることで新たな美を誕生させている」(「BRUTUS」1999年5月15日号)

ここではプレミアム・ブランドのメセナ活動自体を議論の対象にはしないが、日本ではほぼ賞賛の記事ばかりというのも不自然な状況だ。批判的な見解も引用しておきたい。フランスの高名な社会学者ピエール・ブルデューと芸術家ハンス・ハーケの対談で、カルティエ社長(当時)の「メセナとはコミュニケーションのすばらしい道具であるばかりではなく、それ以上のものだ。つまりメセナは世論を誘惑する道具なのだ」という発言が俎上《そじょう》にのせられている。

ブルデューによれば、メセナにより企業は「批判を骨抜きする」ことが可能になり、そこにマスコミが関わることで政治的雰囲気を作り出すことができるという。また「メセナに投資している企業はマスコミを利用し、マスコミに自分たちのことを褒めそやすようにさせたり、彼らの名前を書かせるように仕向けている」として、「あらゆる自律的世界、芸術や文学や科学の世界にまで、今日では、商業的論理が幅をきかせて」いることを批判している（『自由―交換』）。

「年間テーマ」の設定

これまでも何度かエルメスの「年間テーマ」に言及してきたが、これは1987年にデュマによって設定された。

企業が年間目標を掲げることはよくあるが、顧客が参加するようなテーマの設定は珍しい。内容はといえばその名のごとく、1年間特定のテーマにそってエ

エルメスの年間テーマ

1987	花　火
1988	エキゾチズム
1989	フランス
1990	アウトドア
1991	遠い国でのエルメス
1992	海
1993	馬
1994	太　陽
1995	道
1996	音　楽
1997	アフリカ
1998	木
1999	星
2000	新世紀への第一歩
2001	地球上の美
2002	手
2003	地中海

ルメスの商品やメセナ活動などが展開されるというものだ。デュマはこれを長期的な「エルメス・グループの経営戦略の表現」だと語っている（「BRUTUS」前掲）。

これまでの年間テーマは表のとおりだ。それぞれのテーマは前年となんらかの関わりを持っている。例えば「フランス」の年に祖国を見たので、次は外に出ようと「アウトドア」というようにである。

新しい年になると年間テーマをモチーフにしたスカーフや小物が店頭に次々と登場する。カデナ（南京錠）はその代表的なアイテムで、「アフリカ」の年はライオン、「星」の年には星と、コレクターも存在する。年間テーマという物語性そして限定性を与えられると、南京錠までもが購買欲をそそるものになってしまうのが不思議なところである。

スカーフは年2回コレクションが発表されるが、近年のカタログには各期に8点前後のデザインが掲載されている。そのうち3点前後がテーマにそったものになり、これもコレクターの関心をひいている。

「限定品となると、いらないものでもなぜか買ってしまう」という女性は多いが、年間テーマによる製品展開は、このあたりの女性心理もうまくくすぐっているのだ。

話題は年間を通して断続的に提供される。「木」の年の鞄「ツリー」、「音楽」の年のペン「アレグロ」など、テーマをモチーフにした作品が随時発売されるほか、「星」の年の「エルメス・星を巡る旅」展など、展覧会やイベントも行なわれる。

上得意にあたる顧客には、非売品が配られることもある。例えば「アフリカ」の年には、スカーフのモチーフにもなった「アフリカのスプーン」が配布された。共通の了解事項のもとで顧客の間での話題性を高め、しかも差別化も図るという、顧客の優越感をくすぐる巧妙なシステムでもある。

そもそも、年間テーマの設定による最大の収穫は、メディアそして顧客に定期的にエルメスへの関心を喚起させたことだろう。

エルメスの主力商品である皮革・絹製品は、本来、流行に左右される性質のものではない。衣料部門を重点とするブランドは、年2回のファッションショーで話題性を保っているが、エルメスは年間テーマによって同等の話題性を獲得した。ファッションに関心のある女性一般や女性誌に対して、大きなアピール力を持つようになったのである。

品物よりもエスプリを

さらに、社長自ら編集に関与し、文化性、芸術性にこだわりぬいた広報誌「エルメスの世界」、そしてカタログ類は老舗プレミアム・ブランドのなかでも他の追随を許さぬ充実度を誇っている。独自のスタイルを自ら雄弁に「語る」エルメスの姿勢が好きだと言う愛好者も少なくない。

「エルメスの世界」は毎年発行され（1992年からは年2回）、1冊は約150ページ前後からなる。一般の企業の広報誌や商品カタログとはまったく異なるもので、しいて喩えるなら航空会社の機内誌を洗練させたような感じだ。機内誌が「旅」というコンセプトのもとに様々なエッセイや紀行文を美しい写真とともに載せているように、「星」や「木」といった「年間テーマ」に沿って、通好みの構成になっている。学問や絵画、写真など様々な分野の古典の大家や現代の新進作家の作品が連なり、その合間に製品のポートレイトが、芸術性ゆたかに顔を覗かせる。

およそ一般的な広告のスタイルとは異なるこの広報誌のアート・ディレクターを務めるのは、これまでも著名誌の制作に関わってきたフレッド・ラヴィレールだ。「商品はお店で見てもらえばいい」として、「過去から現在に受け継がれているエルメスのエスプリをいかにページに反映させるか」に留意し、「魂の震え」をカメラマンやモデルなどのスタッフ総動員のもとで具現化することに尽力しているという（『カレ物語』）。

　そしてラヴィレールを採用して誌面の刷新を任せ、商品情報よりもイメージを優先するという方針を奨励したのがデュマである。「アート」に関する活動の全体を彼が統括することで、製品と広報に統一感のあるイメージが発信されている。

　ＬＶＭＨのベルナール・アルノー会長も、「マーケティング部門に広告を委ねるのは、消費材メーカー（消費者向け企業）が犯す最大の過ちだ」と語る。アルノーはデザイン部門の手による、ブランドイメージを強力に打ち出した広告制作の効果を近年のディオールを例に強調する（「ＤＩＡＭＯＮＤハーバード・ビジネス・レビュー」前掲）。エルメスでは普遍的な魅力を持つ芸術作品がイメージ形成に寄与しており、半永続性そして流行からの超越をうたう製品の魅力に相乗効果を与えている。

　これはすぐに「旬」が移り変わるモデルに依拠し、似たり寄ったりの広告をつくっている他のブランドとは対照的だ。

よく見れば随分無理のある、滑稽なポーズをとって、睨むような表情で消費者を誘っている他のブランドのモデルたちの、なんだか皮相で悲壮な「セクシー」に辟易する向きも少なくないだろう。淡々とわが道をいく「エルメスの世界」は、ブランド世界の避難所のような落ち着きも見せているのだ。

「クリエーティビティーは永遠だがファッションの命は短い。エジプトのファラオの時代の壁画を見てクリエーティビティーあるという人はいてもファッショナブルという人はいない」(「日経流通新聞」1999年1月21日)

デュマはこのように述べて、「ファッション」をリードする立場にありながら、「ファッショナブル」であることを否定する。「私どもは、モードはスタイルに代わり得るとは考えていません。もっとも大切なのは品質《クオリテ》です」日本での流行がはじまるずっと以前の1979年に、流行を意識せざるをえないプレタポルテ部門の主任を務めるスタッフもこんな言葉を残している(『エルメス大図鑑』)。

ファッショナブルでないこと、モードを超越していること。この点がエルメスの高級感そして別格感の源泉であり、それが製品そして広報の各レベルでぶれなく伝えられることで、エルメスは独自のステイタスを維持しているのである。

地域レベルの活動

「グローバル・マルチ・ローカル主義」を標榜するエルメスは、各国に現地法人を設立し現地国籍の社長を登用するなど、本社の方針を地域に即した形で効果的に実施することでも知られる。「エスプリ」や「カルチャー」を重視するデュマの方針に基づき、展覧会やチャリティなど地域に密着した活動を行うことで話題性を保ち、商品販売にも結び付けている。

香港では子供たちにものづくりの楽しさを教えるため革を用いた工作教室を開いたり、パリでは入院中の子供たちへのチャリティ活動に加わったりと、世界各地で様々な活動が行なわれてきた。

エルメス・ジャポンでは1998年の「木」の年に、C・W・ニコルらが主唱する「自然・文化創造会議／工場」の「苗木の里親プロジェクト」に参加した。エルメス特製植木鉢に入れられたブナの苗木5000本が顧客に配布され、苗木は1年後に引き取られ植樹先に送られていった。「里親」の元には1年の間にエルメスから何度か手紙が届いたそうだ。デュマ自身が植樹に参加したことも話題になった。

エルメス・ジャポンのメディアへの緩急を心得た巧妙な対応も指摘すべきだろう。世界的なスカーフブームを巻き起こしエルメスの再生を牽引した1985年のスカーフ講習会の翌年には、3大紙とのタイアップ企画を行なった。朝日新聞でも「いま先端美」として、エルメスのファッションショーの模様が3ページにわたって大々的に取り上げられている。この効果で、前年比2〜3倍と飛躍的に売上げが伸びたという（「財界」1998年1月20日号）。

一方、人気が不動のものとなった近年では、2001年のメゾンエルメス開店前にメディアへの露出がピークを迎えたのに対し、開店後の幹部クラスの取材記事はごく少数に留まっている。

限定商品の発売など、話題づくりも上手い。1997年の「不思議の国、エルメスへの旅」での「ビニール製ケリー」の限定発売が、女性たちの大行列によって話題を呼び各誌で報じられたのも記憶されるところだ。名古屋の松坂屋本店前には、400人の女性が徹夜でこのケリーを買うために並んだという（朝日新聞１９９７年8月15日）。

近年でも、ＪＲ名古屋タカシマヤ開業の際には「ナゴヤ」という名の手袋が販売され、地元のエルメスファンの間では随分話題になったそうだ。

第6章　エルメスのエスプリ

広報誌「エルメスの世界」そしてカタログ類の特徴ある内容やその「エスプリ」について、関心をお持ちの方もいらっしゃるだろう。

ここでは、その内容を具体的に紹介していくが、エルメスに殆んど馴染みがないという方には、難解な文章も多く煩瑣《はんさ》すぎるかもしれない（まさにこの点もエルメスの特徴なのだが）。できることなら「エルメスの世界」に分け入る作業にお付合いいただきたいが、このまま第7章にすすんでいただいても、なんら問題のない構造になっている。

広告塔としての社長、職人

まずは2002年、「手」の年の「エルメスの世界」（第1巻）を例に見ていこう。いずれの年も、全体の構成はよく似た形だ。巻頭ではデュマが「年間テーマ」とその由来を述べている。

「わたくしどものようなメゾンとしては、手を褒め讃えると自画自賛だと言われるでしょうか？　職人にとって、もちろん手は一番の道具です。けれども手は単に肉体的作業に限りません。手は精神的行動もするものです。かつて哲学者のドゥニ・ドゥ・ルージュモンは『手で考えること』を推奨しました（彼については、本号の中でも少しふれています）。彼の勧めは次のように続きます。手を使うことによって考えに重石ができ、その重みが思考を具体的なことからかけ離れてしまうのを防ぎ、その結果、つねに正しい判断ができるというのです。手の動きにはいろいろあり、たとえば顔に向かってさしのべたり、何かを与えるときには開いたり、あるいはまた額を撫でたり、小鳥の体を温めてやることもあります。美を作り上げ、傑作を生み出したり、オーケストラを指揮するのも手です。友情を伝えたり、あるいは伝わってきたりもします。なんて素晴らしい交流方法でしょう。そしてなんという表現力なのでしょう。

そういった理由と、それに私があなたの手を握れるのがうれしいから――握手なんて純フランス的仕草を言うと、本誌84ページに寄稿してくれているシャルル・ダンツィグのお目玉を受けるかもしれませんね——エルメスは手を祝いたいのです。エルメスのメチエは手のおかげです。そこでわたくしどもは今年2002年の12ヵ月間を手のために捧げようと決めたのです」

次いで、「手とはいったい？」と称した特集が始まる。ここではエルメスの6人のスタッフが登場し、「手」について語っている。右側のページに手のクローズアップ、そして左側には手の主の顔写真だ。

「エルメスの庭師」ヤスミナ・デムナティ。

「種まきは素晴らしい体験です。小さな命の種が転がるのを指に感じること、それをビクトール・ユゴーは『種をまく人の厳かな動き』と表現していましたが、それが種をまくことの特典なのです。古くからの言い伝えに、手と手のあいだに天使が宿るというのがありますが、いたずらにそう言われてきたのではないと思います」

「革の目利き」ピエール・ジョネ。

「幸せでいたいのなら、欲しいものにふれなければならないと、私は本気で思っています。考えたり感じたりしたことを、手は目に見えるやり方で表してくれます。人やものに対する思いが募れば募るほど、それを手に持ったり、そっとふれてみたくなるでしょう。目の視線は広いけれど、手がもつ視線は明確です。さわってみたいと思ったら、手はそこにいってしまうのです。技術上の問題を話しあう職人たちに言葉はいりません。身振りだけで十分です。手が説明し、教えてくれるのです。手のちょっとした動きは、まるで以心伝心、言葉よりもずっと雄弁ですから」

広報誌に限らず、エルメスではデュマはもとより職人やデザイナーたちが頻繁に顧客の前に登場し、エルメスの原点を伝える効果的な広告となっている。

高踏的な文学性

職人や商品のポートレイトが続いたあと、エミールが収集した馬や旅にまつわる品々を紹介する連載「エミール・エルメス・コレクション」が始まる。読者は毎号、ここでエルメスの原点を想起させられる。この号では、エミールお気に入りの画家、アルフレッド・ドゥ・ドルーの油彩画「青い乗馬服の婦人」などが掲載されている。

ページを繰ると、フランスの哲学者ドゥニ・ドゥ・ルージュモンの代表作『愛について』の元ともなった「手で考えるということ」というエッセーの一節だ。

「この本を書くことで私が伝えたかったのは、人間の精神がどのような行動手段を持っているのかを探ることである。精神は、生身の人間、それも物質に何か作用を与える人間の段階まで降りていって、初めて現実的なものになり、検討する価値をもつ。この場合の人間というのは、ランボーが『辛い現実を抱きしめる』人といった労働者(ouvrier)であり、さらに働く(œuvrent)人、切り開く(ouvrent)人なのだ。精神はその存在を表明する(manifeste)ときにのみ真実となる。そしてこの表明するという語の語源には手(main)という意味が含まれている。精神は行動の中でのみ、つまり学者たちが堕落と呼ぶような状態に陥ってはじめて真実になる。確かに純粋な精神にとって、一般人の手の届くところまで降りるのは堕落だが、そうなることでようやく虚偽でなくなるのだ。愛は精神の頂点であり、隣人愛は行動である。隣人愛は手を差し伸べることで、偉ぶる気持でも、エリコへの道中、追い剝ぎに襲われた人の前を通りがかる理想（訳注：ルカによる福音書10章25〜）でもない。

考える人と行動する人は別だといわれるが、人間としての基本は手を使って考えることなのだ」

毎号、その年のテーマに沿った古典などからやや難解な引用がなされている。

このあと、デュマが巻頭言で「お目玉を受けるかもしれ」ないと懸念したシャルル・ダンツィグのエッセイ「型にはまった身振り」（「紋切り型の身振りをやめたり、紋切り型の言葉を使わないのは、精神の自由への第一歩だ」とある）や、写真家チェマ・マドスによる「心の画像」と題したモノクロ作品が続いている。

合間に登場する商品や職人のポートレイトも、こだわり抜かれた演出によるものだ。

この巻では8ページにわたって香水瓶と「手」のシルエットが続き、ひとこと、次のメッセージが添えられている。

「影と香りは、手にふれない魔法。そのふたつが出会うとき、秘められた力が働いて私たちの五感を魅了する」

1991年の巻には日本人写真家・岸野正彦の、炉辺やししおどし、軒先に置かれたバーキンなどのエルメス製品や、チェーンを絡めた独楽《こま》など、伝統的な日本家屋にエルメスを組み合わせた作品を8ページにわたって掲載している。エルメスの「伝統」と「革新」の共存という姿勢がアートに重ねて効果的に伝えられ、しかも製品や企業イメージに文芸作品の持つ普遍的な魅力あるいは現代的な感性といったイメージをも付与することに成功しているのだ。

ちなみに「大家」ではこれまでにどういった面々が登場しているのかといえば、「ボードレール風の憂鬱」といった表現で頻出するボードレールや、『フライデーあるいは野生の生活』や『魔王』で知られるゴンクール賞作家のミシェル・トゥルニエ、戦前に「神童」として音楽界に名を馳せたヴァイオリニストのユーディ・メニューイン、それに第4章で言及した神坂雪佳も含まれるだろう。

ボードレールほど一般的知名度の高い人物はむしろ少なく、その分野に通じた人なら知っているという、いわば通好みの人物が選ばれている。しかも、その人物について取り立てて親切に解説されるわけではなく、読者に背景となる知識がなければ、文章の含蓄どころか書き手がそもそも何を生業とする人なのかも分からない場合もしばしばだ。

スカーフのデザイン同様、やや高踏的な雰囲気と顧客に対する媚の無ささえも、いまやエルメスの魅力を高めるひとつのスタイルとなっている。

とはいえ、「一見」で日本の直営店を訪れた場合少なからず見られる、店員のとってつけたような高踏的な対応は一般にとても評判が悪い。近年の絶対的な販売量、店員数拡大に伴なう弊害でもあるだろうが、デュマの語る「エスプリ」とのぶれを大きく感じるところで、上滑り感は免れない。

テキストが創るスタイル

「エスプリ」を伝えるという方針は、商品一つ一つのレベルでも徹底されている。すでに述べたように、ほぼすべての商品に物語性のある名前が与えられ、とくにスカーフはデザインの段階から物語を含んでいる。

しかもデュマの時代には、イメージに沿った文芸色豊かなテキストが記されたカタログまで作られている。そこでは、これまでに述べた「伝統」「革新」「普遍性」「一瞬のオーラ」といった、エルメスが志向するスタイルが雄弁に語られている。

なお、カタログのテキストを書き、広報誌の編集を行っているのはジャン＝ジャック・アブリーだ。もともと法律の専門家であり、最高行政裁判所に就職したが、その後文芸批評に転じたという。エルメスのスタッフの多様性を象徴する人物の一人である。

スカーフについては作品から想起されるイメージを文章にしているといい、「ごく個人的なたわごとです。テーマは自分で選べない。だから、何も言うことがないようなテーマもある。それでも、何かを語らねばならない。文学の習作として、楽しんでやっています」（『カレ物語』）と語る。

ただし、執筆時点で最新号となるスカーフの2003年秋冬コレクションのカタログでは従来のアブリー調が大きく変化しており、今後も何らかの変化があるのかもしれない。いずれにしても彼の文芸色豊かな主張ある表現が、デュマによる世界的な規模での販路の拡大期に、エルメスのイメージ形成に大きく貢献したことは確実であろう。

①永遠と一瞬

エルメスにおいて最も強調されるキーワードは「時間」であり、カタログや広報誌では明に暗に言及されている。

時間は二重の意味で尊重される。第一に、長い時間のなかで育まれたもののみが持つ普遍的な魅力である。「時の恵みの中で織り上げられたものは、すべて良くできたものといえるだろう」と、時間が生みだす唯一無二の「美」、そして工場大量生産に逆行するものづくりのあり方が称えられる。

第二に、個人の生を越えた時間を生きうるという、エルメス製品の特質とのかかわりだ。デュマは「高級品とは、自分自身よりも長く続くもの」だといい、その喩えとして、金糸の刺繍が施されたインドのサリーのなかには10世代にわたって伝えられてきたものがある、という話を好むという（ステファヌ・マルシャン『高級ブランド戦争』）。

「あなたは自分が創りだすものが、かねてから存在していた美を反映するようにしたいでしょう、そして、あなたがいなくなってからも、その美しさが続いて欲しいと思うでしょう？」

インタビューでこのように語ったこともある。これは、変わらないものをなにかに求めたいという、有限の時間を生きる者すべてが持つ普遍的な願望に訴求するメッセージで、カルティエやパテック・フィリップなど高級時計の広告にもしばしば見られる類のものだ（「あなたはパテック・フィリップを所有することはできない。あなたは次世代に渡すまでの預かり人にすぎない」など）。ただし、「旬」を重視する女性ファッションを扱うブランドとしては例外的で、エルメスの独自性が際立っている。

②死の二面性

伝統の技術や製品の永続性が語られる一方で、個体の有限性を強調するように、エルメスには死、それも残虐死の描写が頻繁に登場する。見るものに恐怖感を与えるという手法は広告制作の定番の一つであるが、それにしても露骨な表現だ。

スカーフの2002年秋冬コレクションでは、いろどり豊かなガラスのペーパーウエイトをデザインしたスカーフ「シュルフュール&ペーパーウエイトII」がカタログの冒頭で紹介されている。華やかなデザインとは裏腹に、テキストを見ると唐突に「火あぶり」の場面だ。

「哀れな詩人クロード・ル　プチ！　自由奔放な抒情詩を書いたところ、隙間風が吹いたがために、1662年、右手をもぎ取られたうえ、生きたまま火あぶりにされてしまった。彼の原稿が開いた窓から外へ吹き飛ばされ、下級審主席検察官の家に舞い降りたのだ。だからこそ書き物を机の上に押さえていてくれるペーパーウエイトは役に立つ。しかもそれが『シュルフュール』とよばれるイオウ顔料の色あざやかな魅力をふりまいていたら、なんと詩的な報いだろう！」(2002年秋冬スカーフカタログ。以下、年度と季節のみ表記)

デザイン上は死や争いとは無関係でも、テキストで喪失物語が展開される例は多い。

「臨終の溜め息が最初の記憶に結びつくのは、オーソン・ウェルズの『市民ケーン』の中ばかりではない」(「子供時代への鍵」1991年秋冬)

「外見は優しそうだが、子供が夢見るのはいつも熾烈な戦いだ」(「お馬の話をして」2000年秋冬)

「航海はどれもが海の征服であり、その航跡は勝利の跡だ。しかし、大海は完全に負けたわけではない。ただ眠れる死刑執行人なのだ」(「沖に向かって」2000年春夏)

「1541年のザルツブルクにおいて、永遠の春を保つ秘薬の発明者であった、かの伝説の人物パラケルススが逝去した」(「ザルツブルク」1996年秋冬)

エルメスのスカーフにより「死亡通知」がなされた著名人も多く、その顔ぶれはアレクサンダー大王からキャプテン・クック、そして20世紀初頭に一世を風靡《ふうび》したロシア・バレエのダンサー、ニジンスキーまで多様だ。「芸術に『悪者』は存在しない」（「夏の宝石」１９９５年春夏）とも語られているから、死もまた芸術の一環として捉えられているのかもしれない。

悠久の自然や時間に対する人類の矮小性《わいしょうせい》や不確実性が強調されることも多く、天の川を描いたスカーフのテキストはその好例だ。

「天の川は、幼いヘラクレスの旺盛な食欲から逃れた母乳が幾筋もの流れになったものなのだろうか。詩人は『恋する乙女の白い肉体』に似たものとうたっている。若き女性が海岸や紫外線ランプで身体を焼くことなどなかった。それは、心魅かれる時代のはなし。今日では、太陽が照りつけ、科学が大きな影響力を持っている。この2つの神秘がいつ暗闇に戻されてしまうかは、誰にもわからない。しかし、私たちには慰めとして、夏の夜を飾り続ける、無数の星が残されている」（「天の川」１９９９年秋冬）

③整然の美

エルメスでは馬具製造の出自から、簡素を旨とするデザインを得意としてきた。簡素性を極めると、「調和」や「美」の構成則を探る幾何学や数論にまで辿りつく。「普遍の知識の鍵を所有している」幾何学者として、ピタゴラスがしばしば賞賛されている由縁だ。五角形をモチーフにした彼を讃えるスカーフ「ピタゴラス」(1999年)のほか、テーブルウェアにも同名のシリーズがある。

傑作との評判が高い「球形が奏でる音楽」(1996年春夏)は、ヴィオラを中心に数式、円などの幾何学文様、原子、五線、音符などがデザインされたものだ。ここにはピタゴラスの数論と、弦楽器の名匠ストラディヴァリの実践が絵画化されている。

ピタゴラスはあらゆる物を数に還元し、数論に基づいて音楽、幾何学、さらにこの両者に則って天文学理論を打ち立てた。天球に輝く星々も幾何学的調和のうえに成り立ち、宇宙は数論に基づく規則的な旋律「天球の音楽」にのって運行していると考えたのである。ストラディヴァリはこの思想をもとに音楽理論を構成し、数々の名器をつくった。

カタログのテキストは次の通りである(イメージがないため分かりにくいかもしれな

いが、イメージとともに見てもさほど明確に理解できるものではなく、それもエルメスのひとつの特色である)。

「音楽と数学を結びつけたストラディヴァリは、イタリア、クレモナ出身の弦楽器作りの名匠であった。彼は古代にあったピタゴラスの考え方とその定理を応用して、音楽とは単なる技法の芸術ではなく、本質的には科学であることを証明した。1690年に製作された彼の《メディチのヴィオラ》が、この絵では自由な発想で構図に組み込まれているが、それでも《球形が奏でる音楽》として、ダイヤモンドのような音が聴こえてくる。正確な円から生まれたその音が耳に届くとき、幾何学の力にめまいを覚える」

エルメス・ジャポンの訳では「球形が奏でる音楽」となっているが、ピタゴラスの思想を念頭において「天球が奏でる音楽」との含みを持って読んだ方が分かりやすい。

19世紀イギリスの美術批評家、ウォルター・ペイターが「すべての絵画は音楽を志向する」と書いたように、視覚芸術を志す芸術家にとって聴覚に響く作品を創造することが長く理想とされていた。

デュマもエルメスの作品に「響き」があることを期待しているといい、「音楽」の年の広報誌にも、詩人ポール・クローデル「眼が聴いている」という言葉を巻頭で引用している。

④破壊と冒険への憧れ

理性的調和が追求される一方で、破壊的衝動も肯定される。これはエルメスの「伝統」と「革新」の共存の姿勢に対応するものだ。ばらばらになった馬車を描いたややコミカルなスカーフには、こんなテキストが添えられている。

「不変性は安心感を与えるが、同時に私たちを苛立たせるものでもある。モナリザに髭をつける喜びは大きい。文明人は不敬虔な欲動に沸き立つ。すべての均衡を保ちながらも、私たちのいる世界は聖域ではないので、一つの表象が台なしにされるのを見る喜びが現実にある」（「パズルII」２０００年春夏）

冒険はつねに奨励される。

「未知なるものを求め、危険な香りに引かれるのが人間の常であり、それはいつでも最上の快楽をもたらしてくれる」（「絹糸の赴くままに」１９９５年春夏）

「世界の果てを追い広げていった」マゼランやヴァスコ・ダ・ガマら航海者にオマージュを捧げる「五つの海を越えて」（1998年春夏）、「海の散歩」「沖に向かって」といった「海」をモチーフとした作品は、年間テーマが「海」の1992年以後、定番となった。

新たなる美を求める人間の本性や、そのための努力も語られる。

「人間が自然の賜物を享受したいと思うなら、自ら努力し、貢献しなければならない」（「カボチャとコロシント」1998年秋冬）

「運命をより良くするための努力のおかげで、美に到達することができる」（「ユアカ・ピル」2001年春夏）

「人間は、見出したことすべてを利用して贅沢を築く」（「絹の木」1995年秋冬）

「たぎるように熱い現実の情景」が賞賛され、ときに淡々と事実を並べ立てるに留まっている「冷ややかな」歴史家に対して、風刺が加えられたりもする（「ペルセポリス」2000年秋冬）。

⑤毅然とした女、かわいい男

このように有限と無限、永遠と一瞬、調和と破壊という対立項を止揚しながら進歩してゆくエルメスの姿が、基調としては楽観的に語られていく。

それでは男性と女性については、どのように語られているのだろうか。

エルメスの描く女性は媚とは無縁であり、毅然としていて自然である。例えば「エルメスの世界」では、男性が出かけていったあとの部屋で女性は「満ち足りた孤独よ、それは唯一の至福なり」と「古典時代の作家たち」の言葉を思い起こしている。他方で、男性はその可愛さが、ネクタイのカタログなどで頻繁に語られる。

「女性がいる限りこの世にネクタイは存在するだろう。男性がネクタイを選んでいるのを見て心を動かされた女性は、そんな男性の姿をまた見たいと思うからだ。男性にとって、ネクタイをつけるときというのは、自らのデリケートな感性と美に関する迷いを、つい表に出してしまう貴重な瞬間である。そして愛される人物であることをネクタイ選びで証明する」(1997年秋冬ネクタイ)

デュマに請われてメンズの主任デザイナーを長く務めているヴェロニク・ニシャニア

ンは、「女性は男性の未来形」と語っている。

⑥素材の官能性

エルメスでは女性モデルなどによるセクシャルな表現を用いた広告はまったくといっていいほどない。しかしながら、皮革、絹、香水などの製品自体が持つ官能性は折りにふれアピールされる。

「第二の皮膚とも言える手袋に、片方、そしてもう片方の手を滑らせる時の喜び。はずす時のうっとりするような仕草に漂う、魅惑的で密やかなエロティシズムを、誰も否定することはできない」(「エルメスの世界」2002年第2巻)

「シルク、魔法の布。甘美なまでのやさしい感触。肌と服のどちらもが、お互いに親しみをもって求め合う」(「絹糸の赴くままに」1995年春夏)

次はエルメスを代表する香水「カレーシュ」の2002年限定版「カレーシュ・ソワドパルファム」の製造過程を解説したものだ。

「明け方、朝露という朝食を終えた頃、バラは一つずつ摘まれていく。摘み取られたバラは木陰にある大きな倉庫へ運び込まれる。乱暴な取り扱いにはできない。花を、大きなふわふわしたじゅうたんのように寝かしつけ、萎《しお》れていくに任せる。バラに極上の昼寝をさせるのである。この段階は、見る者にとって最も高揚する場面である。香りの海の中で身悶えたいという耐え難い欲求を誘う。見ているだけで恍惚とするのであるから、香りといえば、また、なおさらのことである。蜜蜂から義務感と方向感覚を奪ってしまう。花粉にまみれた蜂は、巣に帰るのを忘れてしまうのだ。それに、クレオパトラがアントニウスを迎えた最初の夜、床に撒き散らした花びら。その花びらから香り立つ官能がいかなるものであったかということにも想いをはせてしまう」（「エルメスの世界」2002年第2巻）

製品の大半は複製不可能な生命を持つ自然素材から作られており、そこから生じる官能性を保有している。とりわけ皮革についてはそれが顕著で、擬人化して語られることもある。

「彼女、皮革は生命をもつ官能的な素材だ。人が皮革に執着するのは、使いやすさと機能と同時に、それがもたらす喜びにある」（「エルメスの世界」1994年第2巻）

個体の有限性を超えた時間を生きるという、デュマが志向する「高級品」の観念も、生命あるものの一瞬の美を捉えようとする姿勢も、そこに生じるオーラや官能性の重視も、共通する底流のうえにある。生命を奪うところから永続する美をつくりだすという認識である。

所詮はものに過ぎないとも言えるエルメス製品に対して、人々が不可思議なほどの愛着を持つ理由の一端も、ここにあるといえるだろう。

第7章　日本におけるエルメス

評論家の草柳大蔵は、戦後まもなくの海外旅行をこのように回想している。

「いま、ルイ・ヴィトン・ラッシュが起こったのは、お年寄りから若い人まで、自分の費用で海外旅行が出来るようになったからだ。それまでは日本にそれほどの余裕がなかったから、海外旅行に出る人は政府か会社の費用にたよらざるをえなかった。最初の頃は、五百ドルプラス二万円しか持ち出せなかった。そんな額で足りるわけがないから、政府高官も大学教授も大ジャーナリストも、上野の〝アメ横〟に行って、一ドル四百円（一ドル三百六十円が公定相場だった）の闇ドルを買って、胴巻の中にしっかりしまい込んで、羽田空港を飛び立った。会社の社長や専務が視察や商談で空港を立つ朝は社員たちが見送りにゆき、『送別の辞』があり、万歳三唱があり、行く者も見送る者も、涙で頬を濡らしていたものである。こんなふうだったから、ルイ・ヴィトンに行っても財布を一箇か二箇、ロンドンのハロッズでバーバリーのレインコートを一着、エルメスでネクタイを三本、社長クラスでも買い物はせいぜいその程度だったのである」（『なぜ、一流品なのか』）

今でこそ海外旅行もブランド品も珍しくないが、それはごく最近の出来事にすぎない。エルメスはどのように日本で現在の人気を博していったのだろうか。海外のブランドが戦後、日本に導入されていく過程を追いながら、エルメスが定着するまでを見てみよう。

「舶来品」の時代

外貨の厳しい持ち出し制限が撤廃され、個人の観光旅行が認められるようになったのは、1960年代に入ってからのことだ。ほんの半世紀前までは、とかく揶揄《やゆ》されがちな日本の海外パック旅行客によるブランド買い漁りなどは夢のまた夢だった。外国製品が「舶来品」として珍重されていた時代なのである。

１９５０年代半ばの海外渡航者数は年間５万人程度で、航空機利用者はその約70％を占めるに過ぎなかった。いまや身近な海外旅行先の代表となっているハワイに行くにもプロペラ機で16時間、ヨーロッパ線ともなると南回りでバンコクやカイロを経由して、何十時間とかかったのである。

そもそも、日本航空が設立されたのも１９５１年のことだ。空を飛ぶということ自体が特別なことであった時代、スチュワーデスは瞬く間に花形の職業となり、とくに国際線担当は「民間外交官」と喩えられ憧れの的になった。

一般の人々にとっては、政府が一部のデパートに特別に認めた「等価商品交換による特別輸入外貨枠」によって輸入された商品を販売する「イタリアンフェア」などの「外国祭」が、「舶来品」と接する数少ない機会なのだった。

しかし、１９６０年代の高度経済成長を背景に、状況も大きく変わってくる。「所得倍増計画」が掲げられた池田内閣の時代（１９６０〜64）には、ソニーのトランジスタラジオの輸出などにより外貨準備高が急増し、貿易政策も自由化の方向へと転じていった。内閣成立の時点で約４割であった自由化率が２年ばかりで約９割となり、ようやく

「舶来品」が自由に手に入る時代が訪れたのである。

民間レベルでの海外交流が増加するなか、有名デパートが海外のデザイナーとの提携によって、オーダーメイドのブティックを次々と開いていく。これらの製品はかなり高価で一般の人々には高嶺の花であったが、国内ブランドが加わったその後の「第1次ブランドブーム」を牽引することになる。

ヨーロッパの伝統あるプレミアム・ブランドを国内に導入しようという動きも高まっていった。その先導役を果たしたのが、銀座「サンモトヤマ」の創業者で現会長の茂登山長市郎や、西武百貨店のパリ駐在部長を務めていた堤邦子だ。

茂登山は戦後まもなくから、主に駐留軍を通してアメリカ製の嗜好品を入手して「闇」商売を行っていたが、1959年に特別にパスポートを入手し、初めてパリやフィレンツェを訪れた。そこでヨーロッパのプレミアム・ブランドの製品に触れ、アメリカ製品とは全く違う完成度の高さに感銘を受ける。

貿易自由化を受けるや茂登山は、「現代の芸術品」を日本に紹介したいという一種の使命感から、世界の名だたるブランドの本店に直接赴いて、代理店として商品を扱いたいと熱烈な交渉を開始した。かつて上前淳一郎が、エルメス本店に飛び込んだ茂登山を次のように描いている。

「『このスカーフと、そちらのハンドバッグ、いくつでもいい、日本へ送ってください』

マネジャーも、あぜんとした顔をしている。

『ここにある素晴らしい芸術品のような品々を、私は日本で売りたいのだ』

『ノン』

マネジャーは、冷たくいった。

『待ってください。そんな怖い顔をしなくても……』

『われわれのところは小売店だ。卸商ではない。相手が誰でも、卸すことはできない』

『しかし、エルメスはロンドンで売っている。外国へ出しているじゃないですか』

『あれはわれわれの直営店だ。われわれが外国で小売りしているので、卸しているのではない』

『じゃ、私の店を直営店にしてください。私が小売りをやってあげる』」（『舶来屋一代』）

茂登山は、パリでもっとも感銘を受けたブランドであるエルメスに再三の依頼を行うのだが、答えは常に「ノン」であった。

もっとも彼はその粘り強い交渉によって、フェラガモ、ロエベ、グッチ、セリーヌ、バリーなどいくつものプレミアム・ブランドと、日本で最初の代理店契約を結ぶことに成功した。のちに「もうけたいという気持ちももちろんありましたが、それよりも文化的に素晴らしい一流のブランド商品を日本に紹介したいという思いのほうが先でした」と、当時を振り返っている（『20世紀日本のファッション』）。

20年目の躍進

エルメス日本導入の橋渡しを行なったのは、堤邦子を筆頭とする西武百貨店関係者だ。尽力の結果、1964年に代理店契約が結ばれたものの、売上げはまったく伸びなかった。

「三十年前、いや十年前まで、売り上げはさんたんたるものだった」（「日経産業新聞」

1994年4月25日）

のちにエルメス・ジャポンの加藤前社長が回想しているが、実際に月に数点しか売れないということもあったという。当時の西武で宣伝部長、営業企画部長などを歴任した三島彰も、エルメスが「今のように売れることなど、夢想もできないこと」だったと回想する。「このころのショップのセールスはエルメスはスカーフメーカーだとばかり思い込み、もともと皮革が本命だということなどまったく知らないという状態」で、契約を維持すること自体が「大変骨の折れること」だったという。

やがて、「西武だけで売っていてはどうにもならない」と考えた三島は、邦子と以前から親交のあったサンモトヤマにも商品を置いてもらえないかと依頼する。ここに至って、茂登山の願いも最終的に叶えられることになった（『20世紀日本のファッション』）。

試行錯誤を経て、1970年代に「ブランド」は一気に一般化していく。

1970年の大阪万博では、フランスのプレミアム・ブランド17社の製品を紹介する企画館、ブティック・ド・パリが大成功を収めた。エルメスやシャネル、クリスチャン・ディオールなどの製品が小物類を中心に一堂に会し、「万博記念」のシールが貼られた香水などが爆発的に売れて、当時で1億2000万円の収益があがったという。

同年に創刊された「アンアン」は一般の若い女性向けのファッション雑誌として人気を博し、この年の誌面ではルイ・ヴィトンのバッグを紹介している。続いて「ノンノ」も創刊され、「アンノン族」といった言葉も生まれた。

当時のエルメスは一般的な知名度こそ低かったが、銀座のホステスはこぞって買い求めていたそうだ。この頃、「ブランド品」は着物に替わる彼女たちのお手頃な正装になりつつあった。「サンモトヤマ」は銀座という場所柄もあり、こうした女性たちで賑わっていたという。

ニクソンショックを契機に円高となった1971年以降、「舶来品」の入手はいっそう容易になった。ただし内外価格差はなお大きく、70年代後半にはパリのルイ・ヴィトン本店で日本人の行列が問題化するようになっている。日本人の海外でのブランド品買占めが話題になるのは、この頃である。

偽ブランド品による被害に加え、ブランド側のライセンス供与も急増し、本物、偽物をあわせたブランド品が氾濫するようになった。1978年には、三越をはじめとした有名百貨店から官庁の売店に至るまで偽ブランド品が紛れ込んでいたことが新聞社の調査で判明し、大騒動になっている。当時の朝日新聞記者によれば、昭和天皇のもとにまで偽エルメス製品が届けられたという（佐々木明『類似ヴィトン』）。

「ＪＪ」（１９７５年）や「25ans」（１９８０年）といった「お嬢様」志向の雑誌も登場し、ブランドは若い女性にも定着していく。のちに「クロワッサン症候群」として語られ、キャリア志向・シングル志向という新しい女性のライフスタイル形成に一役買ったとされる「クロワッサン」も創刊された（１９７７年）。

エルメスは１９７９年、丸の内に初の直営店を開き、１９８３年には西武百貨店との折半出資で日本法人エルメス・ジャポンを設立する。

芸術性に富んだウィンドウ・ディスプレイなど日本ではみられなかった時代に、エルメス丸の内店の華麗なディスプレイは丸の内ＯＬの憧れの的となった。しかも、当時は店員の大半がフランス人で、彼らは女性たちに本当に優しかったのだそうだ。「似合うものを真剣に選んでくれたり、逆に使用用途を聞いて、買わないほうがいいものも、正直にアドバイスしてくれた」「小さなものを買ってもいつも面白いノベルティグッズをくれた」「どんなわがままなオーダーも快く聞いてくれた」など、初期の丸の内店を懐しむ声は多い。

なおこの時期、銀座のデパート「松屋」の幹部がエルメス・パリ本店のウィンドウ・ディスプレイに感銘を受け、地下鉄通路を利用したウィンドウを設置している。当時を知る人々の話では、エルメスが日本のショーウィンドウ文化に与えた影響は相当大きい。

1985年のプラザ合意と、その後のバブル経済を契機とした円高の急進と海外旅行ブームでどことなく浮き足だった時代、ブランド品の消費はもはや日常のひとこまとなった。エルメスの人気も1985年のスカーフブームや、本社による若者にも親しみやすい方向への「革新」を背景に、急速に高まっていった。

エルメス・ジャポンの売上げは、日本法人発足からわずか4年後の1987年には4倍に伸び、若い女性向けの雑誌に登場する回数も目立って増えるようになる。同年、デュマは「日本は新たな戦略拠点」と語り、デザイン面での交流も積極化するなど本格的な展開を始めている。小売部門の直営化もすすめられ、1993年にはエルメス・ジャポンの西武対エルメス本社の株式比率は1対9へと変化している。

高額な商品への志向は高まり、シャネル好きの「シャネラー」やグッチ好きの「グッチャー」などと呼ばれる芸能人が登場し、一般女性にもワンレン、ボディコンにブランド尽くしというファッションが広まった。一方、1986年に男女雇用機会均等法が施行され、キャリア志向の女性を対象としたオフィス向けファッションの需要も本格化する。女性誌の主導で、若い女性が服飾品に何十万という金額をかけるというスタイルが一般に知られていくようになるのはこの時期だ。

ところがエルメスは、プレミアム・ブランドの顧客の裾野がかつてなく広がったバブル期にも業績を急増させることなく、安定して業績を伸ばしていった。当時の芸能人らによるブランド品の買占めが、いくつかのブランドのイメージを低下させたと言われるが、エルメスの場合はそもそも単価が圧倒的に高く店頭の品物の数が限られ、しかも流行の要素が低かったがために大規模な買占めを免れた。

日常化する「ブランド」

80年代の国内「DCブランド」ブームなどをも含んだ断続的な第2次、第3次のブランドブームを経た現在、日本は1995年以降の第4次ブランドブームにあるとされる。

不況のさなかの今回のブームでは、ブランドの淘汰が急速に進んでいる。過去にライセンス品に頼っていたブランドや、内外価格差の大きかったイタリアのブランドは弱体化し、エルメス、ルイ・ヴィトン、シャネルといった老舗プレミアム・ブランドが強さを際立たせている。

ブランド旗艦店の日本進出も、これまでにない動きだ。

バブル崩壊後、とくに1997年から1998年にかけての円の急落のなかで、日本人海外観光客の数は大きく減少した。売上げの多くを日本人に依存していた海外のプレミアム・ブランドは、株価にまで深刻な打撃を受ける。その結果、莫大な初期投資を行なってでも日本国内での売上げを確保しようという動きが強まり、それが近年の開店ラッシュを導いた。

なお大手投資銀行の調査によれば、不況期にまず贅沢品を買い控えるのがアメリカ市場、収束の動きが見られないのが日本市場の特徴だという。そして現代の東京では、

「どこが不況なの？」と外国人が訝るほどの光景が展開されている。とくにエルメスは、同種のものならルイ・ヴィトンの少なくとも二倍以上と圧倒的に高価であるにもかかわらず、この不況期に過去最大のブームを迎えている。

先日、某有名私立幼稚園のおそらく遠足に出くわした友人は、母親たちが揃いも揃って「ケリー」を持っていたと、半ば面白がっていた。流行評論家の甘糟りり子も、天現寺のイタリアンレストランで全員が「クロコダイル製のケリーバッグやオーストリッチのバーキンを椅子の背にひっかけ」ている4人の女性グループと遭遇し、そのなかの一人がぽつりと「私たちの欲しいのは本当はモノなんかじゃないのよねぇ」と話しているのを聞いて「腹が立った」と書いている（『贅沢は敵か』）。

不況が叫ばれて久しい現在でも、ブランドの過飽和状態ともいうべき光景が日々繰り広げられている。「都会」の人々のブランドに対する意識も、ブランドが日常化した80年代から90年代前半にかけて大きく変化している。

田中康夫の『なんとなく、クリスタル』（1981年）では、主人公の女子大生はライセンス生産品や国内のものを含め様々な「ブランド」に囲まれているが、そこには分相応の感覚が強く働いていた。彼女はルイ・ヴィトンやシャネルなど老舗プレミアム・ブランドの製品を自ら使用することはなく、シャネルが似合うマダムを見て、自分もいつかそうなりたい、と思うところで物語は完結する。

１９９０年前後に「都会的」と言われた作家の代表格、森瑤子の作品でもやみくもにブランドが使われることはない。例えば主人公はフェンディの毛皮を着ていながら、あえて男性にこれはフェイクなのだと語るくらいの、女性の意気あるいは粋があった。ブランドが氾濫する時代だからこそ、それが洒落ていると思われたのだ。

しかし「バーキン」が流行しはじめた後、第４次ブランドブームのなかで書かれた「都会的」な小説や流行評論などでは事情が違う。

例えば林真理子の小説『花探し』では、エルメスは男性の愛情表現の手段として評価される。他のブランドよりもずっと高価だという単純な理由だ。いっぽう、『コスメティック』では、キャリアウーマンである主人公は自分が稼いだお金でバーキンを購入するのに「何のためらいがあるだろうか」という。

快楽としての消費

現代は「ブランド」が飽和状態になった時代だ。この時代の気分を反映するように登場したのが、ブランド品の壮絶な衝動買いをテーマにしたエッセイを売り物とする、自称「無駄遣いエッセイスト」中村うさぎだ（彼女の連載「ショッピングの女王」は１９９８年以来、「週刊文春」の名物コーナーのひとつである）。

エルメスを「阿修羅のごとく」購入したという中村は自ら認めるように「買い物依存症」なのであり、もっぱらこうした製品の使用価値よりも購入するときの快感を強調するのだ。そして、商品の購入という行為そのものに重きをおいた消費行動は、彼女に限ったことではなく、現代を特徴づける消費行為の一潮流となっている。

甘糟も流行に対して、そこには「凄まじい消費への欲求があるだけ」なのだという。「物欲とは違う。物そのものが欲しいのではなく、いち早く時代を使いきってしまいたいという欲求が自分の中に渦巻いている。ほとんど肉体的な欲望に近い感じがする」と語る（『贅沢は敵か』）。

筆者が知る範囲でも、もっぱら40代以上の女性で、ブランド商品を購入することで満足しその後は封もあけなかった、という買い物依存症的な経験を持つ方が何人かいる。

依存症的な感覚は極端だとしても、同様の行為はもはや一般化しているのではなかろうか。「消費の二極化」と言われるように、現在の日本では高級品と廉価製品の両極に人気が集まっていて、しかもエルメスを買う客が同時にユニクロにも行くという消費行動が注目されている。しかし両者には共通点がある。それは消費行為そのものを楽しむという感覚だ。

プレミアム・ブランドの旗艦店は、いつ行っても新しい発見があるように商品展開や店内での展覧会などの文化イベントに工夫が凝らされている。購入の対価として特別なサービスを受けることも出来る遊園地のようなものだ。

第4次ブランドブームと時を同じくして話題を集めた、「新御三家」といわれるインテリアに趣向を凝らしたホテル（パークハイアット、ウェスティン、フォーシーズンズ）やレストランも、特殊な空間のなかで消費行為そのものを楽しむという点で同様だ。

新宿の高層ビルの52階、ガラス張りの空間から見下ろす夜景とモダンなインテリアが話題になった「パークハイアット」のレストラン、ニューヨークグリルのスタッフはこういう。「アニバーサリーのカップルはスターに、ふだん人目にさらされている有名人は普通の方になれる……どんなオケージョンかを素早く察知して、『楽しかった』と思っていただける空間を演出することを心掛けています」（「25ans」2003年5月号）。

対極にあるディスカウントショップ「ドン・キホーテ」でも、店内をあえて迷路のようにして、商品も見にくく置いているが、これも社長による意図的な「空間演出」なのだという。その空間ならではの宝探しゲームのような買い物行為そのものを楽しませるというしかけなのだ。明確なコンセプトに沿って多種多様な商品展開を行なう「ユニクロ」や「無印良品」も同様だ。これらはいずれも消費者が主人公になれる小劇場なのだ。「訪れる楽しさ」「消費行為自体の楽しみ」を満たす店舗というコンセプトは、19世紀半ばに世界ではじめての百貨店として成功したパリの「ボン・マルシェ」が生み出したものである。

それまで小売店は、定価販売でもなければショーウィンドウもなく、一見でふらりと入るような雰囲気ではなかった。そこに多数の商品を取り揃え、イベントや喫茶室などを常備した誰でも気軽に入れる「デパート」が、消費の一大テーマパークのようにして登場した。消費の娯楽化は、大衆消費社会の展開を加速していった。

現代の小売業は不況のなか、消費社会の原点となったコンセプトに回帰しながら、新しい方向へと進化しているといえよう。「消費の二極化」もいまや、時間・空間を「消費する楽しみ」のもとで中間形態が多数登場し、さらなる多極化の様相を見せている。エルメスはその一つの極として、タイミングのよい旗艦店のオープンなど、時流に乗りながら「ゆたかな時代」の消費スタイルを牽引しつつも、むやみな拡大をすることなく現在に至っている。

エルメス・ジャポンの健闘

このように戦後日本では、経済の動向に大きく影響を受けながら多数の海外ブランドが登場し、女性たちのライフスタイルとメンタリティに大きく関わりながら、特徴をもつ「ブーム」が繰り返されてきた。

この半世紀は海外ブランドにとって試行錯誤の連続であったが、エルメスは日本に登場した後20年間の停滞を経て、1983年の日本法人設立後は2003年現在まで安定して連続増収を続けている。淡々と品質とイメージを守り、バブル期にも業績が急増することもなければ、不況期に減収するどころか絶好調となり、今度は意図的に販売を抑制する。今後、業績が低減したとしても、意図的な抑制策の結果として判断されるだろう。

エルメス本社には、長い歴史のなかで、存亡にかかわる危機を経験しながら淘汰を経てきた伝統と、長期的展望に根ざした戦略がある。本社の経営方針を日本に密着した形で展開しているのが、日本法人であるエルメス・ジャポンだ。

日本登場後のエルメスの原点となる「品質」「イメージ」「希少性」は、いかにして守られてきたのだろうか。

まず「品質」に関しては、日本で販売される製品についてもすべて本社が管理している。とくにライセンス天国と見做された日本で、ライセンス生産を行わなかったことは出色であり、現在の圧倒的なブランドイメージを支えている。不況を経て勝ち残った「スーパーブランド」とされるルイ・ヴィトン、シャネルも同様である。

「イメージ」も厳重に保持された。停滞期においても、値下げや一般を対象にしたセールはもちろん、普及品の販売も行なっていない。直営店の立地や内装、品揃えなども徹底して重視している。近年でこそ、各ブランドが店舗へのこだわりを見せているが、日本進出当初からの試みは、他社とは大きく異なるところである。

加藤前社長は「ちょっとブランドのにおいをかがせればいいというような手抜きのディスプレーは許されない」と語り、パリの雰囲気を再現する店舗へのこだわりを強調してやまない（「日経産業新聞」1990年2月16日）。

「希少性」も守られた。ブームになると「職人の手仕事」による製造の限界が強調される。オーダーには2年待ち、3年待ちというスタイルが保たれ、さらには受付を停止することでかえって人気を高める。時期にもよるが、直営店では現在でも異常なほどの品薄感だ。このため、「見つけたら、即買い」といった風潮が生まれ、50万円以上の鞄が「ほんとうはあの色のほうがいいんだけど」などと、ぼやかれながら売れていく。

なお上得意はこの限りではない。顧客はきっちり差別化され、顧客限定のパーティなどでは普段店頭に出ることのない鞄などが陳列され、飛ぶように売れている。

店舗数についても、数をやたらに増やさずに質の向上をめざすと明言されている（「日経流通新聞」１９９０年11月29日)。

ブランドの原点の維持に加え、第５章で触れた現地密着型の時宜を得た広報活動が、短期的な業績拡大につながっている。齋藤峰明エルメス・ジャポン社長は、デュマ時代の様々な新製品の投入もバランスよく業績を支えていると強調する。

老舗プレミアム・ブランドとて、常に好調であるわけではない。短期的な景気や社会情勢の変動に流されず、原点に依拠しながら長期的な視点を保つ。それでいて暖簾《のれん》にあぐらをかくこともしない。これまでの蓄積と柔軟な対応で、多様なニーズに応えるだけの厚みがある。これこそ伝統のなせる業であり、またエルメスがデュマの「個人商店」だからこそそのメリットでもあるのだ。

第8章　日本人とブランド

日本人はブランド好きと言われて久しいが、それにしてもなぜ、日本でこれほどエルメスが受け入れられたのだろうか。

ブランド人気の分析として、アンケート調査など、これまでに単発的な形で様々な調査がなされてきた。だが、ここではより広く歴史的・文化的な背景を踏まえ、ブランドがターゲットとする消費者層である、筆者自身の見解も加えて考えていきたい。

時代を映す圧倒的人気

第1章で、プレミアム・ブランドが時代の「動き」に即応した新しい実用品を、他に先駆けて開発したことを見た。ルイ・ヴィトンやカルティエは鉄道や自動車の時代の、そしてエルメスやシャネルは女性の社会進出という時代の「動き」に即応した商品を作り、その飛躍の端緒を開いた。

そうした観点からすれば、日本は高度成長期以降に、ヨーロッパで1世紀以上かけて進められた様々な日常生活の「動き」の変化を短期間に圧縮して経験してきたと言える。自動車の普及や新幹線の敷設、とくに1980年代中葉以降の海外旅行の一般化などで、日本人の行動範囲は急速に広がっていった。

さらに、1986年の男女雇用機会均等法の施行や、キャリアウーマンであった皇太子妃の誕生がニュースになるなかで、女性の大学進学率そして就職率が急激に上昇した。女性の間で機能性とデザイン性を兼ね備えた日用品に対する希求が高まっているところに、ヨーロッパですでに1世紀以上を生き残ってきたブランドが流入したのだから、それらが高い競争力を発揮するのは当然の現象といえる。

なお、歴史的に見れば極端なファッションへの情熱は時代の過渡期に見られる現象でもある。例えば大衆消費社会が本格的に到来した19世紀後半のイギリスでは、デパートや通信販売が登場するなか女性たちがショッピングやお洒落に夢中になり、女性雑誌や美容マニュアルが未曾有の数量で発行された。

半径3メートルとも言われた巨大なスカートが流行したり、コルセットでウェストを極度に締め上げることがよしとされると、瞬く間に理想のウェストは42センチだと報じられる。このため、19世紀末には女性の健康問題が国家的な懸案となったほどだ。裕福な女性の万引きや、現代の買い物依存症にあたる女性も登場して社会問題化した。

こうした状況は当時の知識人たちの危機感を煽るに充分で、資本主義の発展が女性達を利己的にし、イギリス女性の美徳である「利他」の心を損なっている、などとおおいに批判された。ブランド品を紹介する女性誌が氾濫する一方で、ブランド好きの女性批判が見られる現代日本ともよく似た状況だ。なおイギリス男性も、交通網の発展を背景にした旅行ブームのなか、海を越えてフランスやイタリアに旅行に出かけては「羽目をはずす」ことで有名であった。

「成熟した欧米社会」に対する「幼稚な日本」が指摘されることは多いが、欧米社会が成熟しているとすれば、それは「動き」の変化に伴う国内外での異文化体験の蓄積を経ての「成熟」でもあるだろう。

現代の日本人は、ようやく個人レベルでの「鎖国」状態から脱しつつある。やや極端な「ブランドブーム」は、同質的な閉鎖的社会から異文化交流型社会へと向かう、文化・社会面でのひとつの制度変化の過渡期にある現象として捉えられる。日本人の海外でのマナーの悪さなども、その悪しき一端であって、今後こなれていくものだと考えられる。

マークス寿子の著書『自信のない女がブランド物を持ち歩く』に代表される短絡的な批判については、もう少し長い目で見たらどうかという感想を持たざるをえない。

消費者の鑑識眼

1990年代以降、有象無象のブランドの多くが淘汰されていった。これに対し老舗プレミアム・ブランド関係者は、一様に日本人消費者の「成長」を語る。

「我々が変わったのではなく、消費者の意識が大きく変容したのだ。ようやくエルメスが理解される時代になった（加藤前社長）」（「日経産業新聞」1994年4月25日）

「むしろ長く大きな目で見ると、時代の流れだと思います。大量生産、大量消費の時代を経て、あふれるぐらいに物がある現在は『市場の成熟時代』といわれますよね（中略）エルメスの商品は、豊かな生活になるほど必需品といえます（齋藤社長）」（「サンデー毎日」１９９９年8月8日号）

「日本人の美に対する意識はとても高く、そしてどんどん成長しているように感じます。その証拠に、カルティエの高価なジュエリーも売れるようになってきました」（カルティエ　インターナショナル・レマリー社長）（「ＴＩＴＬｅ」２００2年4月号）

１９８０年代末から１９９０年代というおよそ10年間で、日本では文化的に鑑識眼の高い消費者が、非常に厚い層として育ち、消費文化を支えている。なかでも注目すべきはプレミアム・ブランドの主な顧客となる女性の「成長」だ。近年では、日本の消費者は世界のどこの国よりも厳しい目を持っているといわれ、とくに化粧品では日本でヒットしたものは世界でもヒットすると言われている。なぜ、こうした厳しい眼をもつ消費者が大挙して登場しえたのだろうか。

第1世代――「戦後」の清算

第7章で1970年代以降、ブランドが急速に一般化していったことを述べた。大学生やOLになってからブランドブームに接し、バブルで贅沢を定着させた1950年代から1960年代生まれの層（第1世代）と、幼少期からブランドに当たり前のように接してきた1970年代以降生まれの層（第2世代）とでは、ブランド観や消費行動は大きく異なっている。

第1世代は、自らの成長とともに幾度ものブランドブームやバブル経済を経験するなかで鑑識眼を「成長」させつつ、エルメスに行き着いた。この第1世代が「ケリー」や「バーキン」など、とてもわかりやすい「ブランド品」の熱烈な支持層だろう。「モノ」より「ブランド」に憧れてきた世代だとも言える。老舗プレミアム・ブランドを頻繁に引き合いに出す人気女性作家やエッセイストなどは、ほぼこの層に入り、特有のブランド観を描いている。

この上の世代では「舶来品」、下の世代では「日用品」として、ブランド品に対する距離感は異なる。1973年生まれの筆者や友人たちの共通見解としても、第1世代の

「ブランド」感覚にはずれを感じるところが大きい。

第1世代はなぜ「エルメス」に至るまで、ブランド熱をエスカレートさせたのだろう。いかに品質がよいとはいえ、中古車が買えるほどの価格の鞄が「ブーム」となるのは冷静に考えれば不思議な事態である。明確な理由を特定するのは難しく、さきに述べたように世界史のなかでときどき登場する極端なファッションの一例として捉えることも可能かもしれない。

ただし、この世代が時代の過渡期にあたる現象を凝縮して体験した最たる層であることは指摘できよう。彼女たちの前後では、女性に与えられた選択肢も可能性も、全くといっていいほど異っている。

より上の専業主婦世代と、すぐ下のキャリア世代の狭間で自らのアイデンティティを確立するのが難しい。第1世代は専業主婦になりきるにはどこかで不満をもち、いっぽうでキャリアを追求するにしても、この世代ではなお手探りで「ガラスの天井」に阻まれていることが実情に近い。

そのうえ、バブル経済や女子大生ブームで若い頃はちやほやされてきたから、現実と理想のギャップがいっそう大きい。

ちょうどこの原稿を書いているとき、「偽有栖川宮妃」がつかまった。それを報じる週刊誌のなかで、人気放送作家の山田美保子が「金妻的ライフスタイル」や「プリンセスに憧れるところ」など「妃殿下」と世代として通じるところがあり、「最初から東京にいなかったら、私たちもああなってたかもしれないよね……」と友人と同意したと書いている（「週刊新潮」2003年11月6日号）。

中村うさぎの一人称は「女王様」だ。エルメスやシャネルを武器に「野望の道を突き進み」「『成功』という名の宮殿」にたどり着くはずが、そこにはなんにもなく「あれって蜃気楼だったの――っ!?」と過去を回想している（『ショッピングの女王』）。

彼女たちの親は戦前生まれで、若い頃にもっとも物がなかった時代を経験している。その反動のように、とてもわかりやすい「成功」の証を好み、娘の贅沢を肯定し、ホテルでの大披露宴を好んだりした層である。彼女たちが青春を謳歌した80年代には、「シンデレラ城」のあるディズニーランドでのクリスマスデートなどというイベントもはやっていた。

「ケリー」「バーキン」は戦前世代のメンタリティが投影された第1世代の専業主婦、キャリア路線それぞれの、もっともわかりやすい「成功」の象徴であり、ファンタジーそのものである。現代のエルメスブームは、なかなか思うような自己実現ができないままに中年といわれる年代に差し掛かった過渡期世代のプリンセスたちと、さらには物資不足時代を経験した親世代の壮大な集団的代償行動という観がある。

第2世代――モノはモノ

「第1世代」にあたる甘糟りり子は現代のエルメスブームを捉え、東京の女の子たちは、「ブランドすごろくのあがりに早くいきつきたくてケリーバッグやバーキンをぶらさげているように見える」(『贅沢は敵か』)という。

しかし第1世代にとって「あがり」であるエルメスは、1970年代以降に幼少期を過ごした第2世代にとっては「ふりだし」にすぎない。最初から、エルメスもヴィトンもキティちゃんも、なにもかもが一緒にあるのだ。1975年生まれのタレント、神田うのは、こう言ってクロコダイルのバーキンを披露する。

「ブランドも値段も関係ないんです。キャー、可愛い!!って思えるかが大事なの」(「CREA」2000年1月号)

実際に若いうちから購入できる者となると限られるだろうが、少なくとも「第2世代」の周辺には「いい物」がたくさんある。物に対して眼の肥えた層が、老舗プレミアム・ブランドの王室御用達といった過去などに囚われず、単にモノとしての機能性やイメージにおいて取捨選択を行い、多数のブランドを淘汰していっている。

女子学生のアンケートでも、「ヴィトンは二流」と言い切る学生たちが登場している。世界的にも特筆されるほど若年層である日本の消費者が、次々とブランドに付加価値のある新商品を求めている。

欧米では、プレミアム・ブランドの品物を一般の若者が日常的に使うという意識自体が、現在に至るまで基本的には存在しない。本来は上流階級の愛用品であったブランドを、何とも思わないような姿で持ち歩く日本女性は、海外ではかなり目立つ。

新たに登場しつつある「ブランド」よりも「モノ」が好きな日本の若者層の要求に対応することで、ブランド側の商品展開の多様化にも拍車がかかり、日本さらには世界的なブランドブームを過熱させているのだ。

「タイミングのよい新製品の投入」（カルティエジャパン、ヴィニュロン前社長）、「バランスのよい品揃え」（エルメス・ジャポン齋藤社長）と、老舗プレミアム・ブランドの日本法人社長は新しいものが好きな若者の嗜好に応える新規商品の充実を誇る。

「銘」としてのブランド

物が溢れるなかで育った日本の若者層は、世界の消費文化の歴史のなかでも鑑識眼の高さにおいて特異な存在である。彼らは、いまや世界的にも「クール」と呼ばれる文化の担い手となり、今後のプレミアム・ブランドさらには消費文化を牽引する存在となりつつある。

なぜこうした層が登場したのだろうか。直接的には、さきに挙げた戦前世代の支持のもとでの「第1世代」による壮大な消費文化が、現在日本のブランドブームを形成してきた。しかしながら、より歴史的な背景から、プレミアム・ブランドさらにはそれを育んだパリと、日本との文化的伝統の共通性を強調する向きもある。

たしかに、エルメスをはじめ一部プレミアム・ブランドの、何にでもあわせやすいシンプルな実用品を追求するという姿勢は「用」の美にも繫がるところである。簡素性を強調する姿勢は禅の文化ともつながる。幕末から明治期にかけて来日した外国人による滞在記では、日本人の簡素な趣味や、小物の細工の見事さなどが、しばしば中国の絢爛《けんらん》豪華さと比較して強調されている。

19世紀後半以降、日本文化は西欧で「ジャポニズム」として流行し、新たな文化のうねりを生み出した。長い歴史を持つプレミアム・ブランドはこうした影響を、間接的なものであれ受けているため、日本人が親しみを感じる部分があっても不思議ではない。

エルメス・ジャポンの齋藤社長は、「日本にはもともと職人の文化や物の文化があり」「経済的な要因はあるにしろ、日本でエルメスが受け入れられるのは当然」だと語っている（「サンデー毎日」前掲）。製品に職人の刻印を入れ、修理の際には同じ職人が担当したり、店舗でも担当者制をとるなど（一見さんにはやや冷たいという印象を持たれがちなのも）、日本の老舗とも共通性がある。

顧客の間では、利休の朝顔の例が有名だ。利休が、秀吉の来訪に際して彼が賞賛していた朝顔が咲き誇る垣根を全て取り去り、一輪だけ茶室にいけたというエピソードである。エルメスの簡素な華やかさを表現する際によく引き合いに出される喩えで、メゾンエルメスのギャラリー「フォーラム」で展示会を行った木彫作家の須田悦弘も作品づくりのコンセプトとして語っている。

さらに挙げれば、九鬼周造は「離俗」を日本人の「風流」の源泉と見做して論じているが、この文脈で考えればエルメスの高踏的な雰囲気は、現代の風流につながるのかもしれない。白洲正子の「名人は危うきに遊ぶ」といった名人観も、老舗ブランドならではの、悪趣味すれすれの遊び心あふれる作品に通じるところだろう。

草柳大蔵は「日本人の〝上等なもの〟へのラッシュは、いまさら始まったものではない」と、日本人が美しいものを愛《め》でてきた連続性を指摘する。詳細な実証は不可能であるものの、プレミアム・ブランドの製品と日本の文化的伝統に強い親和性があることは否定できないだろう。

そもそも日本には着物の文化があり、また茶道や華道では家元という「ブランド」が馴染み深いものとなっていた。着物はもとより、茶道具や花器などは作り手や家元の

「銘」が入るかどうかでその価値がまったく異なってくる。

日本文化に造詣の深い方によれば、日本でプレミアム・ブランドがこれほど受容されるのは、この伝統のためだろう、とのことだった。「銘」の文化に慣れた眼には、欧米のブランド品はひどく分かりやすい「銘」なのであり、しかも高価といっても、着物や茶道具に比べればずっとお手ごろだ。

こうした土壌があるからこそ、海外のプレミアム・ブランドは日本にすんなりと受け入れられ、しかも若い世代がプレミアム・ブランドを持つことにもさほど違和感がないのではないか。

すでに述べたが、銀座のクラブでは着物から洋服への変化のなかで「ブランド」品の需要が急増したという。着物の文化や茶道・華道などのたしなみや社交の場が消えてゆくなかで、プレミアム・ブランドの品物はそれらと入れ替わるように一般の女性にも定着していった。

「失われた10年」とされる1990年代は、過渡期に新たに成長してきた層が海外のプレミアム・ブランドを誰よりも厳しい眼で選別しながら、独自の消費文化を形成していった。幾度もの危機を乗りこえてきた、原点が明確でしかも重層性を誇る老舗プレミアム・ブランドのみが、その鑑識眼に耐えたのである。

19世紀のジャポニズムが欧米文化に大きなうねりを引き起こしたように、プレミアム・ブランドが現代日本文化と衝突し、そして一部は融合することによって、若い世代に強力な刺激を与え新しい文化を誘発する。それが、ひいてはプレミアム・ブランドの商品展開にも、さらには世界のファッションの潮流にも大きく影響を与えている。

エルメスを筆頭とする現代のブランドブームは、現代における異文化の衝突と融合の、そして新たなる文化の生成の、きわめて明瞭な例をも示すのである。

【主要参考文献】

●エルメス刊行物
"LE MONDE D'HERMÈS"（「エルメスの世界」）, Hermès International, 1986-2003
（スカーフ、ネクタイその他のカタログ、販促パンフレット）

●エルメス関係
「馬へのオマージュ」展
「エルメス・スカーフ――シルクの織りなす夢」展
「不思議の国、エルメスへの旅」展
世界の一流品図鑑別冊『エルメス大図鑑』講談社、1979年
エルメス、プラザアテネ共編『エルメスの幸福な食卓』主婦の友社、1998年
岸野正彦『Main-d'or――アトリエ・エルメス』マガジンハウス、1998年
竹宮恵子『エルメスの道』中央公論社、1997年
婦人公論編集部編『カレ物語――エルメス・スカーフをとりまく人々』中央公論新社、2002年

●ブランド関係
ベルナール・アルノー『ベルナール・アルノー、語る――ブランド帝国ＬＶＭＨを創った男』日経ＢＰ、２００３年
テリー・エイギンス、安原和見訳『ファッションデザイナー――食うか食われるか』文藝春秋、２０００年
ドーリス・ブルヒャルト、西村正身訳『美を求める闘い――ヘレナ・ルービンシュタイン、エリザベス・アーデン、エスティー・ローダー』青土社、２００３年
ナンシー・ケーン『ザ・ブランド――世紀を越えた起業家たちのブランド戦略』翔泳社、２００１年
ステファヌ・マルシャン、大西愛子訳『高級ブランド戦争――ヴィトンとグッチの華麗なる戦い』駿台曜曜社、２００２年
アンリ・ルイ・ヴィトン『ルイ・ヴィトン――思い出のトランクをあけて』福武書店、１９８５年
ジャネット・ウォラク、中野香織訳『シャネル――スタイルと人生』文化出版局、２００２年
大石尚『一流ブランドの魔力――名品を創る人々を訪ねる旅』光文社、２００１年

長沢伸也『ブランド帝国の素顔――LVMHモエヘネシー・ルイヴィトン』日本経済新聞社、2002年
深井晃子編『ファッションブランド・ベスト101』新書館、2001年

●19世紀のヨーロッパ

ヴォルフガング・ザックス、土合文夫、福本義憲訳『自動車への愛――二十世紀の願望の歴史』藤原書店、1995年
鹿島茂『馬車が買いたい！――19世紀パリ・イマジネール』白水社、1990年
鹿島茂『デパートを発明した夫婦』講談社、1991年
戸矢理衣奈『下着の誕生――ヴィクトリア朝の社会史』講談社、2000年

●日本におけるブランド

甘糟りり子『贅沢は敵か』新潮社、2001年
上前淳一郎『舶来屋一代』文藝春秋、1983年
大内順子・田島由利子『20世紀日本のファッション――トップ68人の証言でつづる』源流社、1996年

草柳大蔵『なぜ、一流品なのか――読むオシャレ・24章』ベネッセ、1997年
佐々木明『類似ヴィトン――巨大偽ブランド市場を追う』小学館、2001年
千村典生『戦後ファッションストーリー1945―2000』平凡社、2001年
中村うさぎ『ショッピングの女王』文藝春秋、2001年
村松友視『俵屋の不思議』世界文化社、1999年
渡辺京二『逝きし世の面影』葦書房、1998年

●その他
岩渕功一『トランスナショナル・ジャパン――アジアをつなぐポピュラー文化』岩波書店、2001年
西垣通『麗人伝説――セルジュ・ルタンスと幻の女たち』リブロポート、1994年
ピエール・ブルデュー、ハンス・ハーケ、コリン・コバヤシ訳『自由―交換――制度批判としての文化生産』藤原書店、1996年

あとがき

「どうしてエルメスって、こんなに人気があるのかしら」

「そういえばエルメス関係の記事って礼賛か、批判のどちらかじゃない？ ブランド研究になると、エルメスのことが書いてあっても少しだけだし。私たちが知りたいことを書いてあるものって、なかなかないのよ」

新潮新書編集部の後藤ひとみ氏と、同年代の女性同士の気安さでメゾンエルメスを覗いているうちはよかった。執筆する段になって、大変な難題を抱えてしまったことに気が付いた。エルメスから取材協力をいただくことができなかったばかりか、まとまった先行研究もなければ、カタログなどの資料は当然ながら図書館で入手できるものではない。

果たして完成できるだろうか——。不安なままに執筆をはじめたのだが、色々な方面から寄せていただいた情報量は驚くほどであった。

馬具そしてファッションを専門とするブランドのエルメスが、京都の職人さんからゲーム機メーカーの方まで、およそ思いがけない分野の方々と接点を持っている。近年、「ジャパニーズ・クール」と海外から注目される日本文化の様々な可能性をも、エルメスの活動を通して垣間見られたように思う。

紙幅の関係上、また匿名を希望された方々もおられるため、すべての方々のお名前をここに掲載することはできないが、ご意見をお聞かせくださった先生方、いまや幅広い分野で活躍している友人たち、突然に資料の閲覧やインタビューをお願いしたにも拘らず、快くお答えくださったたくさんの方々にこの場を借りてお礼を申し上げたい。稲賀繁美、北本正孟、佐藤敬二、平山裕子、安田選子、ヤスダヨリコ、渡辺雅美の各氏には、とくに資料閲覧やインタビューの面でとてもお世話になった。

皮革と漆に一家言ある編集者後藤氏には、ほぼ1年にわたり展覧会からソルド（セール）までなにかとお付き合いいただいた。彼女とのお喋りと、しぶい指摘の連続なくして本書は完成しなかったと思う。あらためて感謝申し上げたい。

２００３年12月17日　　戸矢理衣奈

（本書の内容は執筆者個人の見解であり、執筆者が所属する独立行政法人経済産業研究所の見解を示すものではない。）

戸矢理衣奈　1973（昭和48）年生まれ。東京大学大学院総合文化研究科博士課程単位取得退学。独立行政法人経済産業研究所研究員を経て株式会社ＩＲＩＳ代表取締役。著書に『下着の誕生』など。

Ⓢ新潮新書

051

エルメス

著　者　戸矢理衣奈《とやりいな》

2004年１月20日　発行
2024年10月25日　８刷

発行者　佐　藤　隆　信
発行所　株式会社新潮社
〒162-8711　東京都新宿区矢来町71番地
編集部（03）3266-5430　読者係（03）3266-5111
http://www.shinchosha.co.jp

印刷所　株式会社光邦
製本所　株式会社大進堂

ISBN978-4-10-610051-2　C0234